EL ECLIPSE
DEL *SUEÑO* DE SOR JUANA

TEZONTLE

EL ECLIPSE DEL *SUEÑO* DE SOR JUANA

AMÉRICO LARRALDE RANGEL

PRÓLOGO
SERGIO FERNÁNDEZ

Primera edición, 2011
Primera reimpresión, 2013

Larralde, Américo
El eclipse del *Sueño* de Sor Juana / edición y diseño de Américo Larralde ; pról. de Sergio Fernández. — México : FCE, 2011
132 p. : ilus. ; 29 × 21 cm — (Colec. Tezontle)
ISBN 978-607-16-0828-4

1. Cruz, Sor Juana Inés de la — Crítica e interpretación 2. Primero sueño — Crítica e interpretación 3. Literatura — Crítica e interpretación I. Fernández, Sergio, pról II. Ser. III. t.

LC PQ7296 Dewey M864 L135e

Distribución mundial

Carretera Picacho-Ajusco, 227; 14738 México, D. F.
www.fondodeculturaeconomica.com
Empresa certificada ISO 9001:2008

Cuidado y diseño de la edición: Américo Larralde Rangel
Diseño de portada: Laura Esponda Aguilar
Imagen: "*Primero sueño.* Cielo soñado
el 21 y 22 de diciembre de 1684", cartel de ALR

Comentarios: editorial@fondodeculturaeconomica.com
Tel.: (55)5227-4672. Fax: (55)5227-4640

ISBN 978-607-16-0828-4

Impreso en México • *Printed in Mexico*

ÍNDICE

Allá en el Libro de Job, le dice Dios: "¿Es que eres tú capaz de juntar las brillantes estrellas de Las Pléyades o detener el giro del Arturo? ¿Acaso eres tú el que hace comparecer a su tiempo el Lucero o que sobre los hijos de la Tierra se levante el Véspero?", cuyos términos sin noticia de astrología será imposible entender.

Sor Juana, *Respuesta a Sor Filotea*, líneas 367-372, en *Obras completas*, t. IV, FCE, México, p. 449, y nota correspondiente, p. 661.

PRÓLOGO
TRES OJOS HACIA EL MISMO CIELO

Américo Larralde nos presenta una verdadera novedad en cuanto al singular desciframiento que lleva a cabo con *Primero sueño*, escrito por la jerónima en la Ciudad de México la noche del día 21 de diciembre de 1684 y la madrugada del 22 del mismo mes, de modo que si el poema realmente es nocturnal, no es menos cierto que tiene un fin que declara la luz de la aurora, cuando quien "duerme" despierta. El fenómeno fue observado en la Ciudad de México, donde estaba y sigue estando el Convento de Jerónimas, al cual —como todos sabemos— perteneció Sor Juana. "Ella —dice Américo— alude en sus versos a la fecha misma en que lo escribe...", lo que aclara que fue de inmediato, con seguridad después de haber trazado, en su celda, el mapa celeste correspondiente al de su propia mirada.

Se trata de un libro titulado *El eclipse del* Sueño *de Sor Juana*. El Cielo (lo pondremos con mayúsculas pues es el de Sor Juana) establece dos tipos de constelaciones: una es la que se adhiere al horizonte mismo terrestre, donde se unen el Cielo y la Tierra. Como no todos los lectores tenemos la erudición y la comprensión de estos fenómenos (Américo es ingeniero, pintor, astrólogo, astrónomo, chef de cocina, sorjuanista desde este libro) me permitiré, en la nota adjunta,[1] transcribir las constelaciones observadas por la monja, ya que pocos sabemos su significado.

El libro, compuesto por Américo mismo —es decir, como un amanuense—, es de manufactura costosa y muy hermosa. En realidad el poema, de por sí fastuosamente intrincado, se deja ver no con menos sinuosidades metabarrocas propias de la época, sino mejor enfocado, más cerca de nuestro entendimiento, ya que los versos exigen mucho del lector. Se trata de un sembradío de emblemas en colores variados o combinaciones matizadas lindamente, al gusto de quien las dibuja, o sea, el propio escritor. Pero por otra parte, si es cierto que esclarecen, en cierto modo sepultan al poema. Así, el lector al principio no sabe dónde poner los ojos: si en los versos o en la plástica que los acompaña. Después, acostumbrado, se deja guiar por la riqueza de la edición, que acaba por mostrarnos el poema allí donde las constelaciones se insertan. Nosotros somos tres ojos que contemplan el fenómeno: Sor Juana misma, Américo Larralde y en último término, un tanto agazapado, yo.

A mi vez, cuando veo su cartel, con el retrato de Miranda, pienso que convendría que estuviera el de Cabrera y uno más, de mi propiedad, que se debe al pincel de Corzas. Cito estos retratos porque vienen a cuento con el *Sueño:* el de Cabrera, bellísimo e idealizado, para mí representa la juventud de la monja; el de Miranda (independientemente de las fechas en que se pintaron) es el de la madurez, pues ella es más fuerte, más firme, con la serenidad que oculta su fiereza; el de Corzas es patético porque en él Sor Juana se halla moribunda. No digo que muerta porque sus manos, largas y al aire, ascensionales, nos indican algo así como "todo está terminado", que representaría, por su umbría cauda, el eclipse mismo de Luna (que es la muerte de la Tierra); en cuanto al de Miranda, sería la indagación de su escritura y cómo la condiciona en el poema. Por su parte, el de Cabrera es la Sor Juana auroral, llena de un Sol tierno aunque invernal, que se deja admirar por nosotros en toda su magnitud y belleza.

Américo está visiblemente enamorado del *Sueño* y de Sor Juana a un tiempo, de quien nos enseña su parte lunar, es decir, la oscuridad de su alma. Como esta jornada celeste, ya lo dijimos, se completa con la aurora del día siguiente, podemos concluir que el poema es optimista aunque ella, como Faetón y como Ícaro, entienda (sin despeñarse o quemarse como ellos en sus respectivos casos) cómo sentir la intemperancia de su atrevido empeño. De tal suerte que el final del poema es un "despertar" paradójico, ya que ella nunca se ha dormido pues sus pupilas, vigilantes, observan la cima o corona de lo que la monja, como ser humano y lunar, no podrá alcanzar nunca.

El viaje es de antemano conocido, con una sintaxis metabarroca, que de Góngora toma "prestado" su lenguaje metafórico, no así su colorido, al que rechaza su ser lunar. Américo Larralde por su parte aclara que "el escenario para el viaje de su alma queda así delimitado por las estrellas del horizonte: el ascenso de Altair da su oriente, la ocultación de Sirio, su poniente, quedando automáticamente el norte fijo". Es un *Sueño* escrito, después de haberlo meditado por semanas, meses y aun años. Es un *Sueño* no soñado jamás; es un *Sueño* de la vigilia, claramente inventado. Sus antecedentes (además de Góngora, a quien desvirtúa por completo a pesar de ser su favorito) son, a mi modo de ver, *El viaje del Parnaso* de Cervantes, *Sueños y discursos* de Francisco de Quevedo y, naturalmente, *La vida es sueño* de Calderón. Estas obras distan mucho de ser "fuentes"; son, digamos, "inspiraciones" en el caso de que las hubiera leído o simplemente antecedentes temáticos, pues si hace alguna mención insignificante de Cervantes, cancela —hasta donde yo sé, pues su obra es inmensa—; cancela, digo, de su pluma el nombre de Quevedo, a quien el *Sueño* de Sor Juana debe tanto, pues en todo caso es una mezcla de cultismo y de conceptismo.

Si ponemos atención, Américo no "ilumina", ni es su intención, el *Sueño*, sino, ya lo dice el poema, su disparadero es ese eclipse lunar "que sucedía, en su sueños, a las 4:50 a.m., muy cerca del amanecer", y más adelante el autor lo sitúa primero, tentativamente, "en los días cercanos al solsticio de invierno"; luego afina y dice que "ocurrió el 21 de diciembre" al atardecer, lo que significa que la aurora sale al día siguiente, o sea, el 22 del mismo mes.

> Era también de su conocimiento [del de Sor Juana], por sus lecturas de Virgilio, de Cicerón y de Macrobio, que el que el eclipse lunar sucediera en los coluros (el eje o Capricornio - o Cáncer) volvía verdadero al *Sueño* por entrar por la puerta córnea (los cuernos del Capricornio, donde está el Sol) y que por la otra puerta solsticial, donde está la Luna, pueden salir del Universo las almas de los mortales.
>
> En síntesis [sigue observando Américo] que podría aprovechar el eclipse para soñar un viaje más allá de las estrellas, hacia la Causa Primera.

Pondré en seguida un ejemplo de Quevedo:

> Iban estos solos aparte, y reputados, por más necios que los meros, más zafios que los bárbaros y sin ley, pues aquéllos, ya que no conocieron la vida eterna ni la van a gozar, conocieron la presente y holgáronse con ella; pero los hipócritas ni la una ni la otra conocen ni gozan, pues en ésta se atormentan; y en conclusión, destos se dice con toda verdad que ganan el infierno con trabajos.

Estas parcas líneas están entresacadas del "Sueño del Infierno", donde, si el escritor, como Sor Juana, también escribe un "sueño", es tan disparatada su enjundia que parece que en verdad sueña, dándonos *gato por liebre*, como no lo hacen aquellos grandes antecedentes oníricos de la monja, o ella misma, a quienes los sentimos en la bella falacia de sus respectivos sueños escritos.

Pero ¿por qué Sor Juana escoge un eclipse que determina su soñar? ¿Se identifica con las sombras? Es claro que los personajes del *Primero sueño* se pueden analogar o identificar con ella: Nictimene, la lechuza, que vuela para chupar el aceite de las lámparas que le dan sabiduría. También se identifica con Faetón y con Ícaro; con el primero porque al ascender retando a su padre el Sol, Zeus, en castigo, lo hace arder quemándolo con su entero carruaje de caballos. En cuanto a

Ícaro, sube también en la creencia de que habrá de conocer las estrellas y su más allá, pero como la materia de la que está formado es derretible, se deshace y cae sin haber alcanzado su propósito. Pero también está el bajel como alma de la monja, que la transporta por las aguas misteriosas de este oscuro sueño, emparentado con una pesadilla que a ella, por lo demás, no la inmuta. Se despierta, ya "iluminado el mundo", quedando al parecer satisfecha con "el papelillo", único al que prefiere de toda su obra, a pesar del falso menosprecio con que lo trata pues se ama a sí misma como nadie lo ha sabido entender.

Como ella está aún en plena juventud —en plena creación literaria— puede lo mismo crear poemas que hacer teatro magnífico —como "El Divino Narciso"—, que escribir epístolas, que hacer novedosos "ensayos", que estudiar desmedidamente las disciplinas que la llevarán a conocer la teología; que llevar las cuentas de su convento, que quedarse sola al alejarse para siempre sus amigos, los virreyes. Lo que no pudo fue ganar la batalla contra los tres prelados que la acosaron, presionando su muerte: Manuel Fernández de Santa Cruz, Antonio Núñez de Miranda y Francisco Aguiar y Seijas.

En el poema se registran nada ligeros rasgos autobiográficos: "El Sol en este eclipse ocupa el nodo norte, al inicio del signo de Capricornio, por lo que representa a las altas autoridades eclesiásticas con pleno poder", desde el cual más tarde llegará la sangre al río.

> Ocupa [agrega Américo], al inicio del eclipse real, la Casa 7, la de los enemigos declarados, aunque ocultos, por estar el Sol en el ocaso. La Luna ocupa el nodo sur, al inicio del signo de Cáncer, en la Casa 1: ella misma y lo que ella representa, vista como maligna. En el eclipse soñado, a la hora del conticinio, el Sol, en la Casa 2, es la luminaria que tiene valor, ya que la Luna está en la Casa 8, la de la Muerte. Para colmo, el eclipse le cae, en su carta astrológica, en el eje de las Casas 5-11: sus oponentes controlando su energía creativa para el bien de la comunidad a la que Sor Juana pertenecía: la Iglesia. Sabía también que sus enemigos seguramente sabían esto, y que ellos sabían que ella sabía que sabían. Por supuesto que todos fingían no saber astrología judiciaria. A ésos los aguardaba la Santa Inquisición.

Para no tener choques con ésta, ella dice de la astrología en el *Sueño* que es el "estudio vanamente judicioso, riguroso, torcedor del sosiego". Nosotros la leemos, pero si ella utiliza la astrología, es porque siente por ella una verdadera fascinación.

Sin embargo, nadie tampoco parece prestar atención en que Sor Juana, entre líneas, es un ser levemente heterodoxo. Su inteligencia la llevó a saltar múltiples obstáculos, no así el de su íntima vocación —las letras—, ya que el convento no fue sino un escape falso, pero radical, a sus cuitas.

Por último, sólo agrego que el libro de Américo Larralde me ha sido enormemente útil pues ahora empiezo a comprender la magnitud del *Sueño* de Sor Juana.

SERGIO FERNÁNDEZ
Los Empeños, San Ángel, 17 de febrero de 2005

EL ECLIPSE
DEL *SUEÑO* DE SOR JUANA

1 ¹ Piramidal, funesta, de la tierra
nacida sombra, al Cielo encaminaba
de vanos obeliscos punta altiva,
escalar pretendiendo las Estrellas
2 ¹¹ que su atezado ceño
al superior convexo aun no llegaba
del Orbe de la diosa
3 ²⁵ Con tardo vuelo y canto, del oído
mal, y aun peor del ánimo admitido,
la avergonzada Nictimene acecha
de las sagradas puertas los resquicios
4 ⁸⁰ El viento sosegado, el can dormido
5 ⁸⁹ y los dormidos, siempre mudos, peces,
en los lechos lamosos
de sus obscuros senos cavernosos,
mudos eran dos veces
6 ⁹³ y entre ellos, la engañosa
encantadora Alcione
7 ¹¹¹ y el Rey, que vigilancias afectaba,
aun con abiertos ojos no velaba,
8 ¹¹³ El de sus mismos perros acosado,
monarca en otro tiempo esclarecido,
tímido ya venado,
9 ¹²⁹ De Júpiter el ave generosa
—como al fin Reina—, por no
darse entera al descanso,
10 ¹⁵¹ El conticinio casi ya pasando
iba, y la sombra dimidiaba,
11 ³⁵⁸ a la vista, que lince la miraba,
12 ⁵⁶⁶ en la mental orilla
dar fondo, destrozado,
al timón roto, a la quebrada entena, / besando arena a arena /
de la playa el bajel, astilla a astilla,
13 ⁷⁸⁷ auriga altivo del ardiente carro
... ejemplar pernicioso ...
las glorias deletrea
entre los caracteres del estrago.
14 ⁸⁸⁷ En tanto, el Padre de la Luz ardiente,
de acercarse al Oriente
ya el término prefijo conocía,
y al antípoda opuesto despedía
con transmontantes rayos...
15 ⁸⁹⁵ Pero de Venus, antes, el hermoso
apacible lucero / rompió el albor primero,
⁹⁷⁵ el Mundo iluminado, y yo despierta.
Conticinio
2:40-4:50 am
1684
DICIEMBRE
NOVIEMBRE
OESTE
ESTE
NORTE
ECUADOR
ECLÍPTICA
HORIZONTE
VÍA LÁCTEA
Puerta solsticial
Penumbra
Umbra
Venus

EL CARTEL:
"*PRIMERO SUEÑO*. CIELO SOÑADO EL 21 Y 22 DE DICIEMBRE DE 1684"

El frontispicio de este ensayo (página 16) es un cartel que diseñé para ilustrarlo. Es un *collage* con el rostro de Sor Juana del retrato de Miranda,[1] un planisferio celeste con el horizonte de 20° de latitud norte[2] y algunos versos claves de su *Primero sueño*,[3] que tachonan el fondo como estrellas fulgurantes y cuya numeración refiere a las constelaciones, plenas de asociaciones y significados, en las que Sor Juana apoya y entreteje su poema. Es un emblema de emblemas[4] que desvela la estructura del *Primero sueño* de Sor Juana: ella escribe lo que ve en el Cielo, desde la azotea de su convento; o sobre la mesa de su estudio, con la ayuda de un planisferio; o, por qué no, en su fantasía, cuando sueña, al amanecer del 22 de diciembre de 1684, con los presagios[5, 23 y 25] de esa Luna eclipsada (véase el recuadro 1) del atardecer de la víspera y de la noche más larga del año.

Recuadro 1. La acentuación irregular del *Primero sueño*

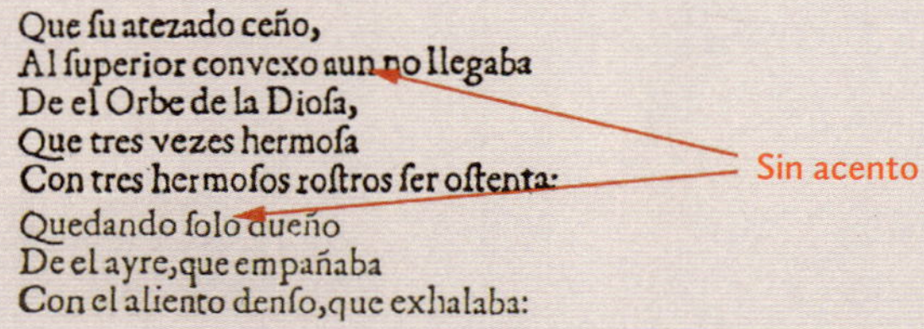
Que ſu atezado ceño,
Al ſuperior convexo aun no llegaba
De el Orbe de la Dioſa,
Que tres vezes hermoſa
Con tres hermoſos roſtros ſer oſtenta:
Quedando ſolo dueño
De el ayre, que empañaba
Con el aliento denſo, que exhalaba:

La acentuación del *Primero sueño* en su primera edición,[18] si no misteriosa, es irregular. En los primeros 53 versos, por ejemplo, aparecen sin acento: aun, solo, consentia, interrumpia, arbol, animo, sacrilega, componian. Aparecen con acento grave: oìdo, sudò, rindiò, diò, compàs. Y lleva acento agudo: canóra!

Así que interpretar aun como aún, es decir, como todavía, es perfectamente válido. No como ni siquiera —interpretación de Méndez Plancarte[19] y de las ediciones modernas del poema—, que equivale a hacer decir a Sor Juana que la sombra de la Tierra no llega a la Luna, cuando ella sabía que la sombra de la Tierra sobrepasaba a la Luna dos tantos más que la distancia de la Tierra a la Luna, conocimiento común desde que Hiparco,[20] en el año 125 a.C., dedujo las distancias de la Tierra al Sol y a la Luna.

Inclusive así lo asienta Sor Juana en sus versos 327-329:

> A la región primera de su altura,
> (ínfima parte, digo, dividiendo
> en tres su continuado cuerpo horrendo),

cuando su alma ya ha ascendido y su vuelo intelectual "ya el curso considera / regular, con que giran desiguales / los cuerpos celestiales".

Entonces, a la hora del *Primero sueño,* la Luna aún no estaba en el cono de sombra y "el atezado ceño" de ésta era el solo, el único dueño, "del aire que empañaba" (véase la nota 29 [pp. 92 y 93]).

aun no = aún no = todavía no llegaba ——→ ya llegó

2 "Que su atezado ceño al superior convexo aún no llegaba del orbe de la Diosa."

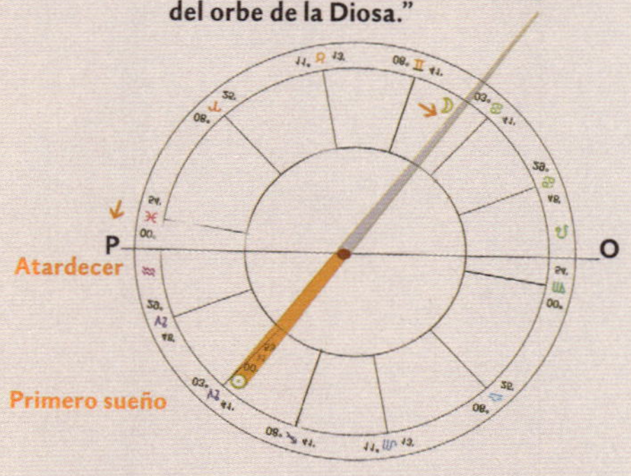

8:00 a 10:00 p.m.

2 A la hora del primero sueño la Luna todavía no llega a ser colineal con el Sol: falta para el eclipse.

10 "El conticinio casi ya pasando iba, y la sombra dimidiaba."

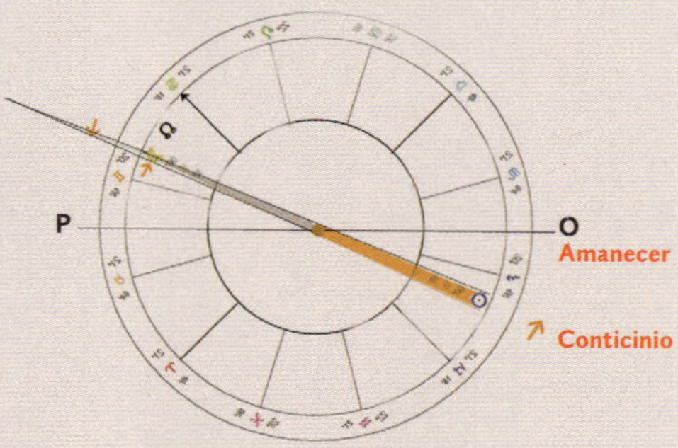

4:50 a.m.

10 A la hora del conticinio la Luna ya avanzó y es colineal con el Sol: es la mitad del eclipse.

EL ECLIPSE DEL *SUEÑO*

Ya en el ensayo de 1988, llamado igualmente *El eclipse del* Sueño *de Sor Juana*,[6] decía que, si leemos detenidamente el poema, tras un breve análisis de astronomía básica, nos damos cuenta de que alude en sus versos a la fecha misma en que lo escribe y que, mientras en el cielo visible de la Ciudad de México las constelaciones de La Nave Argos, El Can Mayor, Orión, Géminis, El Auriga, Las Pléyades, Los Peces, Cefeo, El Águila y Sagitario destacan, desaparecen o están a punto de aparecer en el horizonte,[7] la Tierra avanza en su giro y se interpone entre el Sol y la Luna, a la que su sombra eclipsa.

Para probar esta tesis, seguí dos vías de argumentación.

En la primera, relacioné dos grupos de versos del poema. Los versos 9-12 —donde dice que el atezado ceño de la pavorosa sombra fugitiva **aun**[8] no llegaba al superior convexo de la Luna— me hicieron preguntarme: si **aún** (véase el recuadro 1) no llega, ¿cuándo llega? La respuesta la encontré en los versos 151-152, donde dice que la sombra dimidiaba cuando el conticinio iba casi ya pasando:

> El conticinio casi ya pasando
> iba, y la sombra dimidiaba...

Boccaccio menciona al **conticinio** como un momento del día cercano al amanecer, cuando narra en su *Genealogía de los dioses paganos*[9] la historia de Día, vigésima hija del Erebo. Dice que, según Macrobio (un autor muy leído por Sor Juana según Octavio Paz),[10] el día está dividido en doce momentos, dos de ellos: **primero sueño** —que en invierno, yo deduzco, sería de las 7:40 a las 9:50 p.m.— y **conticinio** —de las 2:40 a las 4:50 a.m.—. También, y principalmente, fray Antonio de Guevara (1480-1545) —un pensador clásico en lengua española, predicador y asesor de Carlos V, el autor más traducido y reeditado de los siglos XV y XVI— usa las palabras **primero sueño** como momento del día en *Reloj de príncipes*, en el

RECUADRO 2. Las estrellas que fijan el horizonte del *Sueño:* Altair fija el oriente y Sirio el poniente

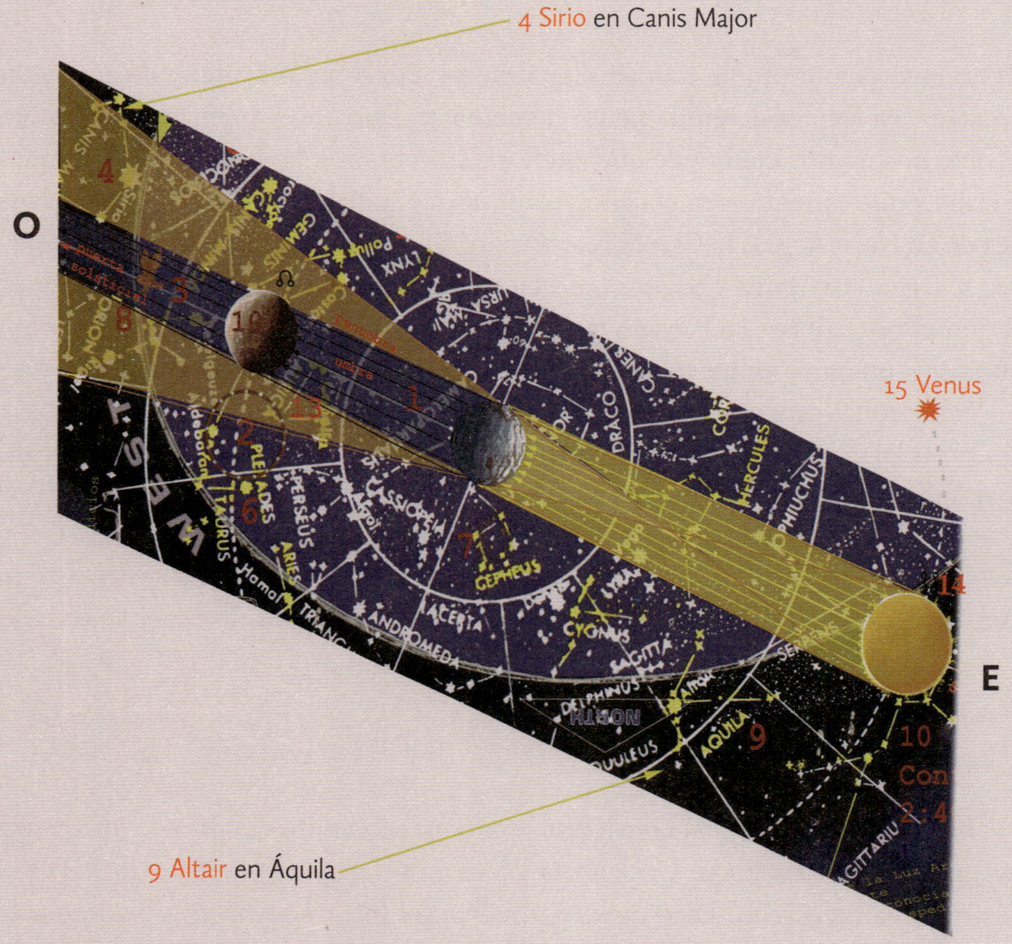

capítulo 22 del libro 2: "debe comer poco antes que sea de noche, ya que se viene la tarde; porque haze mucho a la salud de la persona que, cuando comienza la digestión en el estómago tome al paciente en el **primero sueño**". De esta manera queda aclarado por qué Sor Juana llamó así a su poema. No porque planeara un segundo sueño, como sugiere Octavio Paz,[11] ni porque imitara a Góngora en el título de su *Soledad primera*, como asegura Antonio Alatorre,[12] sino porque en ese momento del día, alrededor de las 9:00 p.m., comienza su *Sueño*. Aunque con Sor Juana todo es posible, todas estas razones y otras más pudieran ser válidas. (Véase el ciclo vigilia / sueño en la página 45.)

Primero sueño, **conticinio** y **dimidiaba**, tres conceptos de suma importancia para entender el *Primero sueño*, porque uno intitula el poema y los otros señalan la hora y el medio del eclipse soñado, ya que el verbo *dimidiar* algunas veces era usado en los lunarios publicados en la Nueva España en conexión con la mitad de un eclipse; por ejemplo, en el de don Sebastián de Aguilar Cantú de 1692, quien, refiriéndose a un eclipse de Luna, dice que "será su lóbrega mitad a las 8 horas, 2 minutos, 45 segundos... y de **dimidia** mora 7 minutos, 58 segundos".[13]

Así que la Luna avanza cuatro grados en las ocho horas que van desde el primero sueño hasta el conticinio y entra en la penumbra y luego en la umbra del cono de sombra de la Tierra, eclipsándose. Y, a la hora en que el conticinio iba ya pasando, alcanza su lóbrega mitad. Tentativamente, concluí que tal vez Sor Juana describía en su poema un eclipse lunar que sucedía a las 4:50 a.m., muy cerca del amanecer, en cuyo caso faltaba averiguar el día y el año.

La segunda vía de argumentación parte de que el amanecer del *Sueño* queda fijo dentro de estrechos límites en los versos 887 a 897 (los números en rojo remiten al cartel de la página 16):

En tanto, el Padre de la Luz ardiente, Véase núm. 14
de acercarse al Oriente
ya el término prefijo conocía,
y al antípoda opuesto despedía Véase núm. 10
con transmontantes rayos:
que —de su luz en trémulos desmayos—
en el punto hace mismo su Occidente,
que nuestro Oriente ilustra luminoso.
Pero de Venus, antes, el hermoso Véase núm. 15
apacible lucero (en cartel y en recuadro 2)
rompió el albor primero...

Recuadro 3. Nictimene

La avergonçada Nictimene azecha
De las Sagradas puertas los reſquicios;
O de las claraboyas eminentes
Los huecos mas propicios,
Que capaz à ſu intento le abren brecha,
Y ſacrilega llega à los luzientes
Faroles Sacros de perenne llama,
Que extingue, ſi no infama,
En licor claro, la materia craſſa
Conſumiendo, que el arbol de Minerva
De ſu fruto, de prenſas agravado,
Congoxoſo ſudò, y rindiò forçado.

Sor Juana —como Higinio en sus *Fábulas*— considera a Nictimene inocente y sabia, aunque Ovidio, en sus *Metamorfosis*, saca a la Reina de la Noche, la Lechuza, por boca de la desplazada y envidiosa corneja:

> "¿De qué, aun así, esto me sirve, si, hecha ave por un siniestro
> crimen, Nictímene nos sucedió en el honor nuestro?
> ¿O acaso la que cosa es por toda Lesbos conocidísima,
> no oída por ti ha sido, de que profanó el dormitorio patrio
> Nictímene? Ave ella, ciertamente, pero sabedora de su culpa,
> de la vista y la luz huye, y en las tinieblas su pudor
> esconde y, a una, expulsada es del éter todo."

Se documentan tres reacciones de las doncellas griegas que mantienen relaciones sexuales con su padre: Larisa y Pelopia se vengan matando al padre incestuoso. Harpálice y Níobe prefieren morir. Nictimene huye avergonzada al bosque. Atenea, **apiadada**, la convierte en lechuza; la adopta, la vuelve su compañera inseparable y, como su consejera, Nictimene deviene emblema de la Sabiduría, según explica Juan Pérez de Moya en su *Filosofía secreta*, primer gran manual español de mitología clásica muy popular en la época de Sor Juana.

En el *Sueño*, sale —después del crepúsculo, a la hora del primero sueño— volando por el cono de sombra rumbo a las puertas solsticiales[21] para beberse la luz de los faroles sacros y extinguir el aceite de sus lámparas. Es también emblema de Sor Juana, ávida de sabiduría, en pos de la luz de la Causa Primera. Sólo ella y su alma están despiertas en el *Sueño*, siempre con los ojos abiertos en la mitad de la noche para comprender el misterio.

No puedo dejar de comentar que la vergüenza de Nictimene me parece sospechosa. Me pregunto si no se delata, si puede sentir vergüenza sin tener culpa. Hay versiones en que Nictimene es forzada por su padre y otras en que, consciente, consiente. Además sigue prendida —¿prendada? — de arquetipos paternos: la luz, el aceite de las lámparas que recuerda al semen y aun la sabiduría de Atenea —una diosa nacida sin concurso de mujer del cerebro de su padre Zeus: una diosa totalmente "electrizada"—.

Sea como fuere, Sor Juana aprovecha el cono de la sombra para asomarse a la luz y, cuando la luz la deslumbra, para guarecerse:

Versos 510-511: "sirviendo ya —piadosa medianera— / la sombra de instrumento"...

Donde se asienta que, al aparecer el Sol (el Padre de la Luz Ardiente) por el oriente, la Luna (su antípoda[14] opuesto) desaparece por el occidente; es decir que Sor Juana se refiere a un momento en el tiempo: un día que amanece con Luna llena y con Venus de lucero de la mañana.

Luego, apoyado en el verso 80: "El viento sosegado, el can dormido", que interpreté como la ocultación en el horizonte poniente de la constelación del Can Mayor, y en los versos 129-131:

> De Júpiter el ave generosa
> —como al fin Reina—, por no darse entera
> al descanso...

que interpreté como el ascenso en el horizonte oriente de la constelación del Águila, fijé el cielo visible en el planisferio tal como se ve en el cartel: Sirio (estrella alfa del Can Mayor), identificado con el número 4, se oculta en el poniente, mientras Altair (estrella alfa del Águila), identificado con el número 9, está a punto de surgir en el oriente. El escenario para el viaje de su alma queda así delimitado por las estrellas del horizonte: el ascenso de **Altair** da su oriente, la ocultación de **Sirio** su poniente (véase el recuadro 2), quedando automáticamente el norte fijo.

Y entre una y otra, las constelaciones que nombra de manera explícita Sor Juana en su poema, dibujan el horizonte; de poniente a oriente (numerados con rojo en el cartel): 12 Argo Navis, 4 Canis Major, 8 Orión, 13 Auriga, 5 Piscis, 6 Las Pléyades, 7 Cefeo y 9 Áquila. Y las constelaciones del eje del eclipse, de manera tácita: 10 Géminis, donde está la Luna; su opuesto, 14 Sagitario, donde está el Sol; además de 15 Libra, ocupado por Venus. Y tal vez, 11 El Lince y Lyra, junto al Águila.[15]

La interpretación de que los versos adosados a las constelaciones —señaladas en la portada con los números mencionados— se refieren efectivamente a constelaciones que giran en el cielo de México durante el *Sueño* de Sor Juana se confirma comparando estos versos con los de Arato. Me explico.

Sor Juana está viendo en el horizonte oriente aparecer las constelaciones que nombra en su poema; también observa y nombra las que desaparecen, "se duermen", en el horizonte poniente. Lo hace a la manera como lo escribe Arato en su libro *Fenómenos*, versificación del más temprano tratado sistemático de las estrellas que Eudoxo de Cnidus hiciera alrededor de 350 a.C. Ella conocía la obra del cosmólogo griego a través de Germánico, su traductor al latín; cita a ambos en su *Neptuno alegórico* (Juana Inés de la Cruz, 1951: IV, 383 y 386).

Recuadro 4. La Luna del eclipse[23]

¿Qué presagios pudo haber tenido la Luna eclipsada para Sor Juana?

Ya Kepler, el astrónomo moderno por excelencia del siglo XVII, se había metido en graves problemas con la Inquisición por haber escrito un *Sueño*, donde el protagonista, invitado por su madre, aprovecha la sombra de la Luna de un eclipse para viajar a la Luna guiados por un daimón. Este escrito le costó muy caro: su madre fue apresada bajo cargos de brujería y tras un juicio de más de cuatro años, murió recién salida de las cárceles del Santo Oficio.

El simbolismo de la Luna en el eclipse se nutre de varios factores conocidos por Sor Juana:

a) Como Luna eclipsada, al no llegarle los rayos del Sol, se libra de su influencia y opera independientemente, sin el control solar. Lo femenino, la emoción, la fantasía, el sueño, la memoria, los sentimientos, lo creativo, el inconsciente... están privilegiados, todo lo que hoy llamaríamos el lado derecho del cerebro.

b) Al interponerse la Tierra entre la Luna y el Sol, su sombra piramidal la eclipsa y, a la vez, se priva, la Tierra, a sí misma de su luz. El simbolismo involucrado aquí tiene que ver con impedimentos materiales que obstruyen la conexión entre la razón y la emoción, el consciente y lo inconsciente. Como además se añade el simbolismo de la sombra, aparecen en escena los enemigos, la envidia, la pesadilla, los monstruos que habitan la sombra, la locura, la desgracia, el mal en general que amenaza a todos los seres sublunares y, en especial, a quien, en su carta astral, aloje al eclipse en puntos críticos.

c) Este simbolismo no era exclusivo de la astrología. Aunque seguramente de allí provenía, era común también en el lenguaje barroco de los emblemas.

Del libro *Los cuerpos celestes (el mundo simbólico)* de Filippo Picinelli, de amplia difusión en la Nueva España en los siglos XVI y XVII, cito —de entre los muchos lemas de los emblemas allí comentados en el capítulo IX, "El eclipse de Luna"— uno solo: DÉFICIT ORBE PLENO (mengua cuando está llena), aplicable a quien "parece haber llegado al culmen de la felicidad y sufre repentinamente la caída en las negras sombras de la adversidad".

Era también de su conocimiento, por sus lecturas de Virgilio, de Cicerón y de Macrobio, que el que el eclipse lunar sucediera en los coluros (el eje 0 Capricornio - 0 Cáncer) volvía verdadero al *Sueño* por entrar por la puerta córnea (los cuernos del Capricornio, donde está el Sol) y que por la otra puerta solsticial, donde está la Luna, pueden salir del Universo las almas de los mortales. En síntesis, que podría aprovechar el eclipse para soñar un viaje más allá de las estrellas, hacia la Causa Primera.

Sor Juana sabía además que para que sucedan los eclipses lunares, Sol y Luna tienen que estar en oposición, muy cerca, a menos de 12 grados de la intersección de sus órbitas, en los llamados nodos lunares. Sabía que la interpretación astrológica del nodo norte es fasta, y la del sur, infausta. El Sol en este eclipse ocupa el nodo norte, al inicio del signo de Capricornio, por lo que representa a altas autoridades eclesiásticas con pleno poder. Ocupa, al inicio del eclipse real, la Casa 7, la de los enemigos declarados, aunque ocultos, por estar el Sol en el ocaso. La Luna ocupa el nodo sur, al inicio del signo de Cáncer, en la Casa 1: ella misma y lo que ella representa, vista como maligna. En el eclipse soñado, a la hora del conticinio, el Sol, en la Casa 2, es la luminaria que tiene valor, ya que la Luna está en la Casa 8, la de la Muerte. Para colmo, el eclipse le cae, en su carta astrológica, en el eje de las Casas 5-11: sus oponentes controlando su energía creativa para el bien de la comunidad a la que Sor Juana pertenecía: la Iglesia. Sabía también que sus enemigos seguramente sabían esto, y que ellos sabían que ella sabía que sabían. Por supuesto que todos fingían no saber astrología judiciaria. A ésos los aguardaba la Santa Inquisición.

La postura declarada de Sor Juana respecto a la astrología:

En el *Sueño* (versos 307 y 308 la llama "(torcedor del sosiego, riguroso) / de estudio vanamente judicioso".

En la *Respuesta* (pp. 447-449, *Obras completas,* tomo IV del FCE) afirma que, para llegar a la cumbre de la Sagrada Teología, consideró preciso subir por los escalones de las ciencias humanas. Así, expone por qué le fue necesario aprender lógica, retórica, música, geometría, arquitectura, historia, derecho y astrología.

Sobre la astrología, dice que, si no se sabe astrología, no se puede entender lo que Dios le dice a Job (Job 38.31 y 32): "¿Es que eres tú capaz de juntar las brillantes estrellas de Las Pléyades o detener el giro de Arturo? ¿Acaso eres tú quien hace comparecer a su tiempo al Lucero o que sobre los hijos de la Tierra se levante el Véspero?"

Se refiere, en el *Sueño,* a la astrología judiciaria, que merecía el castigo de la Inquisición, y en la *Respuesta,* a la astrología que se enseñaba en la Universidad, cuya cátedra ocupaba su amigo Carlos de Sigüenza y Góngora, el más moderno de los sabios de su época en la Nueva España, pero también hacedor de más de 18 Lunarios, según dijo él mismo, por necesidad pecuniaria.

El paralelismo tan notable entre el amanecer del *Primero sueño* y el que describe Arato en sus *Fenómenos*, a pesar del gran lapso de tiempo transcurrido y las latitudes tan diferentes, evidencia la clave astronómico-astrológica del poema de Sor Juana. Son las mismas constelaciones que ella nombra en sus versos las que surgen (el orto) o se ocultan (el ocaso) en el poema de Arato porque están viendo el mismo *fenómeno*. Por ejemplo, "el can dormido" de Sor Juana (marcado con el número 4 en el cartel, casi en el ángulo superior izquierdo) se corresponde en Arato con "se ponen todos los destellos del Can Mayor" (Arato, 1993, 120), cuando describe el orto de Sagitario, o en la traducción de Germánico: "el Perro oculta los fuegos de todo su cuerpo" (Germánico, 2004, 149). Lo mismo sucede con la constelación del Águila (marcada en el cartel con el número 9, abajo a la izquierda del Sol): "regresa el Ave de curvadas uñas", describe Arato, mientras que para Sor Juana, El Águila está a punto de despertar.

Y de la constelación de Orión (marcada con el número 8 en la parte superior izquierda, después de la Luna eclipsada), dice Arato que "desciende la totalidad de las estrellas de Orión", mientras que Sor Juana lo llama el cazador "de sus mismos perros acosados" que, ya venado, despierta al menor ruido. Y en el orto de Capricornio, observa Arato que "al aproximarse oculta por completo al Auriga (marcado con el número 13, abajo de la funesta sombra, entre la Tierra y la Luna) y todo el ornato de la popa" (Germánico, 2004, 149). Esta popa es la de La Nave Argos. Sor Juana habla del "bajel" con el "timón roto [...] dar fondo destrozado [...] en la mental orilla", como aparece esta constelación (la número 12 en la esquina superior izquierda de la figura) encallando en el horizonte poniente. Y, respecto al "auriga altivo del ardiente carro" ella describe su caída cuando ya va a amanecer.

Con el eclipse como huso y sobre la trama de las constelaciones de este cielo estrellado en movimiento, Sor Juana bordó su *Sueño*.

Una vez aclarado este punto vuelvo a la descripción del eclipse en el *Sueño*.

Siguiendo las instrucciones de los versos 151-152:

> El conticinio casi ya pasando
> iba, y la sombra dimidiaba...

coloqué al Sol a las 4:50 a.m., resultando así, como está señalado en el cartel (abajo a la derecha con los números 10 y 14), que la época del año es la de los días cercanos al solsticio de invierno: el 21 de diciembre.

Enseguida opuse la Luna (arriba a la izquierda con el número 10) al Sol y, desde éste, tracé los rayos que, al ser interceptados por la Tierra, producen las pirámides de umbra y penumbra, los obeliscos a que se refieren los versos 1 a 4, marcado este evento en el cartel con el número 1:

> Piramidal, funesta, de la tierra
> nacida sombra, al Cielo encaminaba
> de vanos obeliscos punta altiva,
> escalar pretendiendo las Estrellas.

En el lapso de tiempo entre el primero sueño y el conticinio, la sombra de la Tierra aún no llega a la Luna, evento marcado con el número 2, pero cuando el "*conticinio* casi ya pasando / iba", la sombra de la Tierra alcanza a la Luna, la eclipsa y sigue de largo "escalar pretendiendo las Estrellas". Constituye una vía cobijada por las sombras que Nictimene aprovecha para acercarse a las Puertas Solsticiales y extinguir la luz de los faroles sacros. Luego veremos —en el apartado "El viaje: horario e itinerario abreviado del *Sueño*" (p. 53)— que esta sombra también le sirve al alma "atónita" de Sor Juana para recuperarse del deslumbramiento sufrido (y gozado) ante la vista de "todo lo crïado [...] inmenso agregado, / cúmulo incom-

prehensible", donde la "comprehensión no, que —entorpecida / con la sobra de objetos, y excedida / de la grandeza de ellos su potencia— / retrocedió cobarde". Evento marcado en el cartel con el número 3. A Nictimene le corresponden los versos 25 a 38 del poema (véase el recuadro 3), y al alma deslumbrada, los versos 540 a 559.

Así queda dibujado el eclipse descrito en el poema, y podemos concluir que Sor Juana en su *Sueño* alude al amanecer de un 22 de diciembre con Venus Héspero y Luna llena, seguramente eclipsada. Concluí que sólo me faltaba deducir el año y tendría datada la escritura del poema.

Ahora bien, a sabiendas de que el *Sueño* es un poema de madurez y que lo escribe antes de 1690, año en que Sor Juana lo menciona en su *Respuesta a Sor Filotea*, revisé el ciclo metónico[16] de 1671 a 1690 como lapso en el que pudiera haberlo escrito (de los 20 a los 39 años de edad) para determinar en cuáles años había amanecido con Luna llena eclipsada y Venus de Lucero de la mañana. Solamente sucedió el 22 de diciembre de 1684, habiendo salido la Luna eclipsada[23] el atardecer de la víspera (datos de la NASA).

(Veáse el recuadro 4 y notas 22, 23 y 25 para aquilatar el significado astrológico para Sor Juana —que, como ella misma asegura, sabe astrología (véase el epígrafe de la p. 8)— de un eclipse lunar y los riesgos de escribir un *Sueño* en él basado.)

Recuadro 5. Lunas llenas en diciembre-enero del ciclo metónico 1671-1690 en la Ciudad de México, indicando cuándo Venus es Lucero de la mañana y cuándo ocurre un eclipse lunar

Fecha	Hora local	Venus, Lucero de la mañana	Eclipse lunar[17]
Dic. 15 1671	17:54	Sí	—
Dic. 4 1672	9:20	—	—
Ene. 2 1673	19:30	—	—
Dic. 23 1673	11:00	Sí	—
Dic. 12 1674	23:00	—	—
Dic. 2 1675	2:35	—	—
Dic. 31 1675	20:48	—	—
Dic. 19 1676	21:50	Sí	—
Dic. 8 1677	21:25	—	—
Dic. 27 1678	18:00	Sí	—
Dic. 17 1679	2:30	Sí	—
Dic. 5 1680	4:48	—	—
Ene. 4 1681	3:30	—	—
Dic. 24 1681	19:00	Sí	—
Dic. 14 1682	10:00	—	—
Dic. 3 1683	18:57	—	—
Ene. 2 1684	22:00	—	—
Dic. 21 1684	16:04	Sí	Eclipse umbral parcial, 60% de magnitud. Saros P 110, asc. recta: 6.09 h. Dec.: 22.9 grados. Dur.: 5 h 30 min.
Ene. 2 1684	10:00	—	
Dic. 10 1685	15:52	No	Eclipse umbral total, 100% de magnitud. Saros T 120, asc. recta: 5.25 h. Dec.: 23.1 grados. Dur.: 5 h 34 min.
Dic. 29 1686	23:00	Sí	—
Dic. 18 1687	14:10	Sí	—
Dic. 7 1688	0:50	—	—
Dic. 26 1689	2:34	Sí	—
Dic. 15 1690	18:00	—	—

Y fue visible en la Ciudad de México y en todo el hemisferio mostrado abajo:

EL CIELO DEL *SUEÑO*

El cielo estrellado ha sido el Roscharch de la humanidad, proyectado de manera diferente por cada cultura.

Cuando Sor Juana mira el Cielo, ve las constelaciones que el hombre occidental dibujó en el firmamento. Ve también la eclíptica: el camino del Sol, adonde se asimilan las órbitas de la Luna y los planetas. Desde el horizonte de la Ciudad de México observa el giro continuo de las estrellas con centro en la estrella polar. Sabe cuándo surgen por el oriente antes que el Sol, cuándo culminan y cuándo se ocultan por el poniente después del Sol. Y las costumbres, creencias, mitos y tradiciones asociados a estos eventos.

Cuando admira la Vía Láctea, recuerda que es hechura y memoria del desastre que ocasionó **Faetón** (véase el recuadro 6), aquel joven sin padre conocido —como

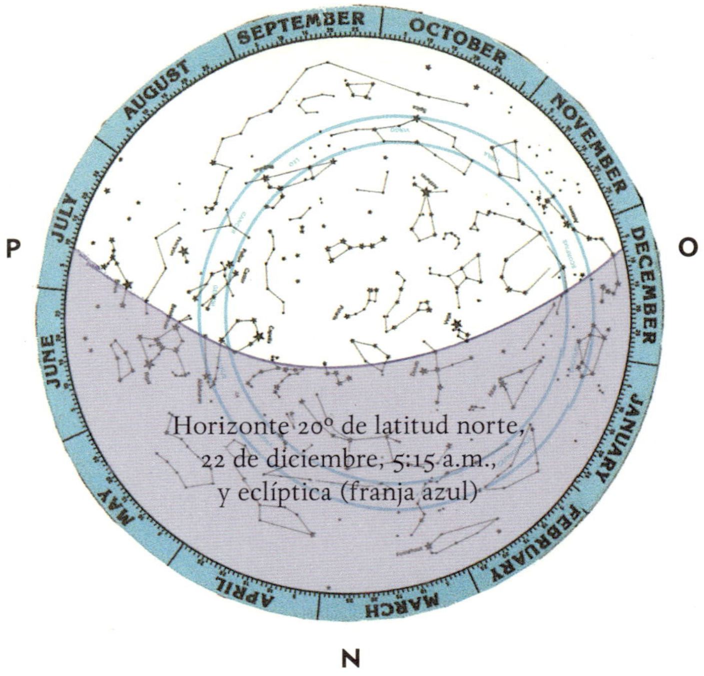

Recuadro 6. Coincidencia del horizonte con la Vía Láctea, las constelaciones del *Sueño* y los estragos de Faetón

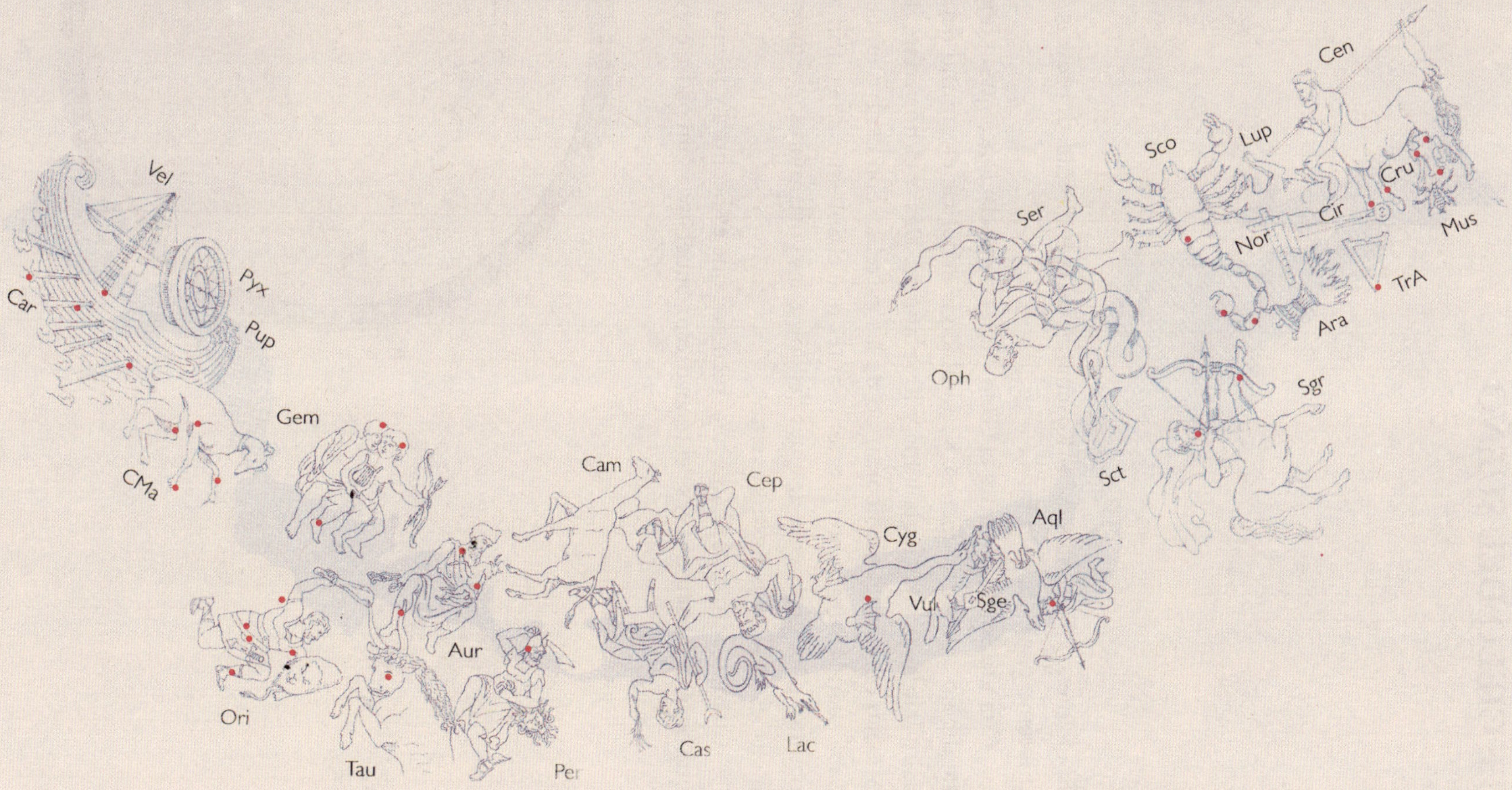

Sor Juana misma— que cuando lo encuentra y resulta que es, tal como se lo aseguraba su madre, nada menos que el Sol, le pide una prueba contundente de su paternidad: ¡que lo deje guiar su carroza para alumbrar el mundo! El resultado de tal pretensión malograda es la Vía Láctea. Varias veces volveré sobre este tema. Quede aquí sólo apuntado cómo Sor Juana utiliza la tragedia de Faetón y la equipara con su ansia desmedida de saber (véase el recuadro 6) y cómo la megalomanía y el narcisismo del "auriga altivo del ardiente carro" es tal que no mueve a su "ánimo arrogante", ni la muerte, "ni el vengativo rayo fulminante... [y] el vivir despreciando, determina / su nombre eternizar en su rüina". ¡Vaya "modelo: / ejemplar pernicioso" al que voltea a ver Sor Juana! Queda su nombre grabado en la Vía Láctea y su memoria "las glorias deletrea / entre los caracteres del estrago".

Sabe también que cuando al amanecer surgía Sirio antes que el Sol, comenzaba la inundación del Nilo e iniciaba el calendario egipcio. Sabe que cuando se ocultan Las Pléyades después de ponerse el Sol, era tiempo de tormentas en el Mediterráneo. Seguramente había leído de Hesíodo *Los trabajos y los días*, donde recomienda cuándo es el tiempo de la vendimia, cuándo el tiempo de arar y cuándo de guardar jarcias y velamen:

> Cuando Orión y Sirio a la mitad lleguen del Cielo
> y vea la Aurora de róseos dedos a Arturo,
> entonces, todos los racimos para la casa recoge
> ¡oh, Perses!: exponlos al Sol por diez días y diez noches,
> por cinco sombréalos bien, y al sexto en las tinajas vacía
> los dones de Dionisio multialegrante. Empero cuando
> Las Pléyades y Las Híades y la fuerza de Orión
> se sumerjan, de la arada entonces acuérdate
> en su tiempo; y, bajo el suelo, todo el año esté preparado.
> Si anhelo de la navegación tempestuosa te coge:
> cuando Las Pléyades, de la fuerza potente de Orión
> huyendo, caen en el ponto brumoso,
> entonces, de todo viento se enfurecen los soplos;
> y entonces, ya de no tener barcos en el ponto vinoso,
> mas de trabajar la tierra, acuérdate —como te exhorto—;
> tira en seco el barco y rodéalo por todos lados con piedras
> porque detengan de los vientos soplantes la húmeda fuerza,
> quitando el tapón porque el barco no pudra la lluvia de Zeus.
> Las jarcias, bien dispuestas todas, guarda en tu casa,
> plegando en orden las alas del barco que el ponto atraviesa;

el timón bien labrado sobre el humo suspende,
y tú mismo espera el navegar oportuno, a que llegue.
[vv. 609-630]

También conocía el firmamento que los egipcios pintaron en la cúpula del templo de Denderah:

Sabía que su admirado Athanasius Kircher —autor de *Iter Extaticum* (también un sueño de conocimiento), por quien inventó el neologismo *quirquerizar*[27] (hacer cábalas) y a quien alude en su *Respuesta*— llamaba a la constelación de Géminis del zodiaco de Denderah, Hori Claustrum (los Horus enclaustrados —¿uno oculto en el otro?—), y que otros identificaban al Horus oculto como **Harpócrates** (véase el recuadro 7), el personaje arquetípico que simboliza el silencio, tanto del reino de la Noche y del Sueño, como de las ceremonias iniciáticas. Y la Luna del *Sueño* está en esa constelación, por lo que alude a Harpócrates al referirse a ella.

En la constelación del **Can Mayor** (véase el recuadro 8), Sirio, su estrella más brillante, era, para los egipcios, Isis Hathor. Osiris era Canopus, la más brillante de la **Nave Argos** (véase el recuadro 9), la embarcación que los transporta por el cielo, y a Sor Juana, por el solitario y oscuro Cielo de su *Sueño*. El ascenso heliaco de

Recuadro 7. Harpócrates

y otro ſellando labio obſcuro,
Con indicante dedo,
Harpocrates la noche ſilencioſo;
A cuyo, aunque no duro,
Si bien imperioſo,
Precepto todos fueron obedientes,

Harpócrates, originalmente una deidad egipcia: Hor-pa-jard, Horus niño, es el Sol débil del invierno o el Sol-Niño, recién concebido por Isis, quien, para poder copular y engendrar a su hijo, busca infatigablemente en el delta del Nilo, transformada en gimiente A ción, el falo de su esposo Osiris, muerto y desmembrado por su hermano Seth, el poder de la Noche. Con la magia y los cuidados de su madre Isis, el niño crece y se convierte en Horus, el Sol, el poder del Día, esposo de Isis. Y recomienza el ciclo.

Atestiguado por los *Libros de las Pirámides,* se le representa en estatuas con un dedo en la boca, símbolo y jeroglífico de la niñez. Es sobre todo popular en la Época Baja como niño amenazado, pero salvado de todas las asechanzas. Los griegos y los romanos, al interpretar erróneamente la postura del dedo como un gesto de silencio, lo volvieron dios del secreto y la discreción.

Plutarco escribe en su *Isis y Osiris:* "No hay que imaginar que Harpócrates sea un dios imperfecto en estado de infancia ni grano que germina. Mejor le sienta considerarlo como aquél que rectifica y corrige las opiniones irreflexivas, imperfectas y parciales tan extendidas entre los hombres en lo que concierne a los dioses. Por eso, y como símbolo de discreción y silencio, aplica ese dios el dedo sobre sus labios".

Y así fue como Harpócrates pasó a ser una deidad preferida en las escuelas místicas de filosofía y también en las esotéricas, como el dios que conmina a los adeptos al silencio, la discreción y el secreto. Deviene en ujier y guardián de los misterios. Más tarde, cuando Isis fue transformada en Afrodita, Harpócrates se asimiló a Eros. Sin embargo, permaneció siendo, como Harpócrates, Dios del Silencio.

En el zodiaco de Denderah (véase la página 32) es uno de los gemelos de la constelación de Géminis, donde está la Luna en el eclipse y por eso aparece en el poema invitando al silencio como preámbulo del sueño.

Recuadro 8. Canis Major

El viento ſoſſegado, el Can dormido,

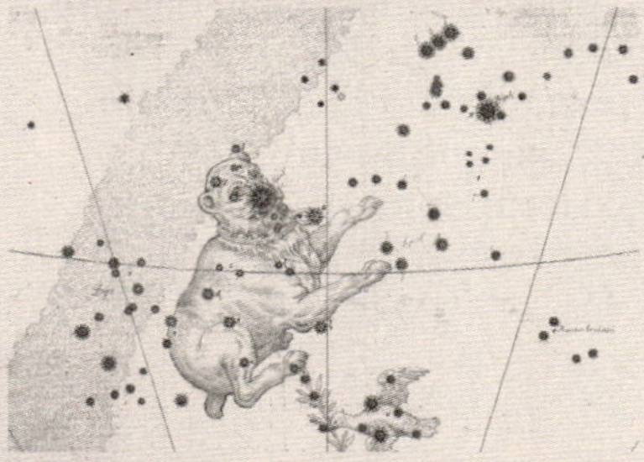

Antes que Sor Juana, don Luis de Góngora y Argote utilizó la constelación del Can para señalar, no sólo la estación en que escribe su poema, sino la hora misma en que, también, sucede un eclipse, en este caso, solar.

Góngora comienza su *Soledad primera* con seis versos que alojan al eclipse de Sol:

ERa del año la eſtacion florida,
En que el mentido robador de Europa
(Media Luna las armas de ſu frente
Y el Sol todo los rayos de ſu pelo)
Luziente honor del cielo
En campos de zafiro pace eſtrellas.

Donde la "estación florida" es el mes de mayo; "el robador de Europa" vendría a ser Tauro, la constelación donde el Sol está en mayo, siendo del toro "todos los rayos de su pelo" y "media luna las armas de su frente", por tratarse de un eclipse parcial de Sol, con la Luna, invisible, recortando los cuernos del toro sobre el círculo brillante del Sol.

Además, si en la Tierra un toro pace hierba, el Toro Celeste, al oscurecerse el Cielo por el eclipse, pace estrellas.

La clave de la hora me la dio el verso 84: El can ya vigilante, es decir, ascendiendo sobre el horizonte, contra el "can dormido" de Sor Juana. Eclipse de Sol contra eclipse de Luna. La estación florida contra el solsticio de invierno. La luminosidad y la sensualidad de los versos del cordobés contra los oscuros y melancólicos de la monja novohispana. No andaba tan descaminado el editor de *Inundación castálida,* al comentar que el *Primero sueño* estaba hecho a la manera —sólo que al revés, digo yo— de don Luis de Góngora.

Se sabe que Góngora compuso su *Soledad primera* en una villa en las afueras de Córdoba en 1612. Yo creo que fue en mayo y que su silva describe el eclipse de Sol cuya traza de totalidad pasó por Noruega, pero fue parcialmente visible en Córdoba el 30 de mayo de 1612 a las 10:33 a.m., hora local (véase traza del eclipse).

Cuando acaba el eclipse, Góngora describe la luz antes contenida, ahora toro refulgente que irrumpe en la plaza del cielo:

Y la que deſviada
Luz poca pareciò tanta es vezina,
Que yaze en ella la robuſta enzina,
Mariposa en ceniças deſatada.

O P

N

Sirio, la estrella alfa del Can Mayor, marca el comienzo de la inundación del Nilo, un símbolo fasto. En el poema, Sirio se oculta al salir el Sol, las aguas del Nilo se retiran, un símbolo infausto. (El Can Mayor es la 4 en el cartel y La Nave Argos es la 12.)

Las constelaciones que dibujan el horizonte son toda una red de asociaciones que resuenan en el texto del poema. Al alzar la vista y mirar el firmamento, Sor Juana no sólo veía estrellas o constelaciones, sino que recordaba las historias relacionadas con los personajes que pueblan la parte del Cielo que mira, y sus vicisitudes, su *pathos*, la influyen y escribe los versos que las rememoran:

— La constelación de **Piscis** (marcada en el cartel con el número 5) yace bajo el horizonte, el mar del poema, en cuyos lechos lamosos duermen los dos veces mudos peces y que, a esa hora, es todavía la "cerúlea cuna donde el Sol dormía", la barca de Osiris navegando hacia el amanecer en la cosmogonía egipcia, tan apreciada por Sor Juana quien, ¡exclaustrada!, dicen, en un acto pleonásmico, representa a Isis, la diosa de la sabiduría, en el Arco del Triunfo que diseñó para recibir a los que serían sus amados virreyes, los marqueses de la Laguna y condes de Paredes.

— "Y entre ellos la engañosa encantadora Alcíone", la estrella más brillante de la constelación de Las Pléyades (marcadas con el número 6 en el cartel).

Recuadro 9. Argo Navis

Las velas en efecto recogidas,
Que fiò inadvertidas
Traydor al mar, al viento ventilante,
Buſcando deſatento
Al mar fidelidad, conſtancia al viento,
Mal le hizo de ſu grado
En la mental orilla
Dar fondo deſtrozado
Al timon roto, à la quebrada entena,
Beſando arena, à arena,
De la playa el Baxel aſtilla, à aſtilla;
Donde ya recobrado
El lugar vſurpò de la carena:

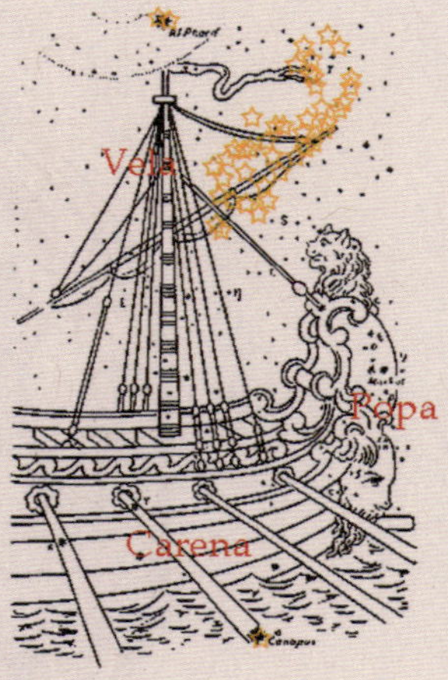

La Nave Argos, reconocida y puesta en el firmamento desde siempre como el arquetipo del Barco, Arca y Nave que surca las Grandes Aguas, para transportar a dioses, como a Isis y Osiris, por el firmamento, sorteando las asechanzas de Seth, la Noche, y llegar a alumbrar el mundo al amanecer; para salvar a todos los seres vivientes de la extinción por las aguas del Diluvio, tanto en la historia de Noé en la Biblia, como anteriormente en el poema babilónico de la Creación, con Uto-Napishtim como protoNoé. O embarcando a héroes como los argonautas en busca del Vellocino de Oro para restablecer la justicia sobre la Tierra, héroes que, después de correr grandes aventuras y afrontar inmensos peligros, coronan su meta regresando sanos y salvos a su patria.

Sor Juana no corrió con la misma suerte. El bajel, como llama a su alma, zozobra en el viaje a la Causa Primera, su Vellocino de Oro:

Mas mientras entre eſcollos zozobraba,
Confuſa la eleccion, Syrtes tocando
De impoſſibles, en quantos intentaba
Rumbos ſeguir;

Se le acaba a Sor Juana el cielo visible. La Nave Argos, constelación marcada en el cartel con el número 12, encalla en el horizonte de la Ciudad de México; marca el límite del viaje. Sor Juana comprende que no puede seguir, máxime que el alimento, productor de los vapores del sueño, se ha consumido. Ni duda cabe que experimentar esta limitación ha de haber sido un duro golpe a su omnipotencia narcisista. Pero también, seguramente, este aparente fracaso de "intentar comprenderlo todo" lo reencuadró Sor Juana como el nada menor logro: los límites del conocer a que estamos sujetos los humanos, aun ella.

Yo creo que el último verso ("el Mundo iluminado, y yo despierta") y el resto de su vida lo atestiguan.

En los versos 93 a 96 aparece esta mención de Alcíone, como encantadora de amantes a los que transforma en peces y por eso (así lo cree Méndez Plancarte) ella, a su vez, vengándolos, es transformada. No dice el texto en qué, porque su nombre ya lo dice: en alción, en martín pescador.

Desconozco la fuente de esta historia de Alcíone como encantadora, en el sentido de hechicera que transforma a los amantes en peces, y luego, como pájaro pescador que es, se los come. Tal vez pueda derivarse de la que cuenta Ovidio en sus *Metamorfosis*, XI, en los versos 410 a 748, suponiéndole un autoculparse a Alcíone por no haber podido detener a su amado Ceix, para que no se embarcara en su viaje a consultar al oráculo de Delfos, viaje en el que mueren todos sus tripulantes ahogados, transformados metafóricamente en peces, incluyendo a su amante y amado esposo.

La historia del amor desgraciado de Alcíone y Ceix está bellamente contada por Ovidio y contiene muchos pasajes memorables: el de la tempestad que abate el barco y el del sueño que tiene Alcíone. Sólo tocaré este último por ser un sueño dentro del *Sueño*, que mucho dice de su significado:

El sueño de Alcíone

Ceix, esposo de Alcíone, al no poder viajar por tierra al oráculo de Delfos se embarca, a pesar de los ruegos de su esposa, y naufraga. Alcíone, mientras, le ruega a Juno por su vida. La diosa, entristecida, se va a la casa del sueño y le pide que mande a Morfeo para que, disfrazado de Ceix, le avise a Alcíone de su muerte.

Sueño, quietud de las cosas, de los
dioses, Sueño, el más plácido, paz
del ánimo, a quien huye el cuidado,
que cuerpos cansados de oficios
duros, alivias y para el trabajo
reparas: manda a que, bajo la
imagen del rey, en la hercúlea
Traquina lleguen a Alcíone y
simulacros náufragos finjan.
Impera esto Juno...

dice Ovidio en la *Metamorfosis*, en su relato sobre el amor desgraciado de Alcíone y Ceix.

Alcíone despierta del terrible sueño y corre a la playa a la cual había empujado la marea el cuerpo de su esposo. Se precipita a encontrarlo y los "dioses compadecidos los transforman en alciones y hasta ahora conservan las playas y los mares" (Ovidio, *Metamorfosis*, XI, versión de Rubén Bonifaz Nuño, 1979, UNAM, vv. 409-748).

Juno ordena a Iris, su mensajera, ir a casa del soporífero Sueño para que le mande "sueños a Alcíone que los verdaderos casos le narren".

La casa del Sueño está en la gruta de un cerro hueco, donde el Sol nunca llega; salen nieblas y brumas del suelo, la lechuza vuela sin emitir sonido alguno. Todo es quietud, todo es silencio. Sólo un arroyo de Leteo, el río del olvido, murmura al fluir lentamente por unos guijarros, invitando al sueño. "Ante las puertas del antro, amapolas fecundas florecen / e innúmeras hierbas, de la leche de las cuales, la Noche / junta un sopor, y, húmeda, por las opacas tierras lo esparce." Iris se abre camino a través de los millares de hijos de Somnus (el Hypnos griego) que cubren el suelo como telarañas; son las vacías figuras de los sueños, que imitan múltiples formas. Llega ante el Dios del Sueño, a quien con su fulgor medio despierta, le dice el mensaje y orden de Juno, y sale volando rápidamente, pues ya no aguanta el sopor.

Somnus, de sus múltiples hijos que imitan a dioses, humanos, animales o rocas, escoge a Morfeo, hijo suyo y de la Noche.

Escoge a Morfeo porque "más astutamente que él, no algún otro / expresa los andares y el rostro y del hablar el sonido / añade tanto vestidos, como, a cada uno, usualísimas / palabras, mas éste a los solos hombres imita..."

Vuela Morfeo con alas silenciosas al lecho de Alcíone, se transforma en el "exánime símil" de Ceix, desnudo, lívido, goteando agua, y le informa a su esposa lo acaecido: "En el Egeo Mar, sorprendió a la nave el nublado / Austro y la deshizo, por ingente soplo arrojada, / y nuestras bocas que clamaban en vano tu nombre / colmaron las olas. Esto no te lo anuncia un dudoso / mensajero, no oyes eso de vagos rumores, / yo mismo, náufrago, te hago saber, presente, mis hados".

Alcíone se despierta sobresaltada, corre enloquecida hacia el acantilado. De allí divisa un bulto que la marea acerca a la playa. Reconoce el cadáver de Ceix; desesperada se lanza del acantilado en un esfuerzo por llegar a él lo antes posible. Salta y vuela, convertida en alción por los dioses compadecidos. Llega adonde Ceix. "En vano con el duro pico le dio frígidos besos." Él también ya convertido en alción la besa. Desde entonces cuidan los vientos y el mar e incuban sus huevos en la playa durante el solsticio de invierno. Este sueño le viene a Alcíone a través de los dioses de la Muerte (Thanatos), de la Noche (Nox), del dormir (Somnus) y del Sueño (Morfeo) por órdenes de Juno, guardiana del matrimonio. ¿Y a Sor Juana?

La constelación **Cefeo**, también llamada **El Rey**, está representada en los planisferios ilustrados como el Rey Cefeo —**"el Rey, que vigilancias afectaba"**, número 7 del cartel—, el consorte real de Casiopea, la que, por presumir ser más hermosa que Juno, fue trasladada al firmamento, donde por las noches está colgada con la cabeza hacia abajo la mitad del año para que aprenda a ser humilde.

Igual suerte corre su enamorado esposo, quien pisa con su pie derecho la estrella polar y en los planisferios para 20 grados de latitud, queda boca abajo, degollada su cabeza por el horizonte norte, el 22 de diciembre a las 5:15 a.m.

Casiopea y Cefeo. Horizonte norte para 20° de latitud norte, 22 de diciembre, 5:15 a.m.

Recuadro 10. Esta figura ilustra los versos 257-291: cómo la Fantasía y la Imaginativa le muestran al Alma sus simulacros durante el *Sueño**

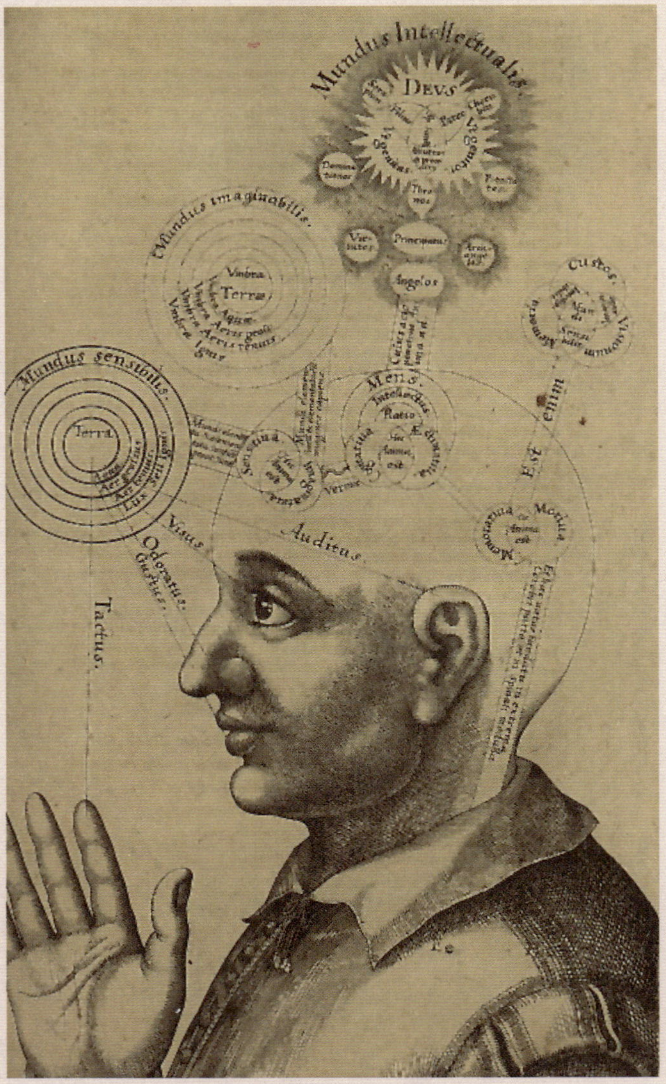

* Véase los comentarios 24 y 28 en el cuadro 2 de las pp. 56-59 de esta obra. Conviene señalar que éste es un cerebro que tiene comunicación con Dios, a diferencia de los demás de la época, como el que presenta Diego Valadés en su *Retórica cristiana.*

Orión (marcada en el cartel con el número 8), la constelación que se oculta en el poniente antes del Can Mayor —justo cuando asciende por el oriente Escorpión—, sustituye metafóricamente a Acteón, "el de sus mismos perros acosados... tímido ya venado..." Son parecidos: los dos son cazadores a quienes acompañan sus perros, ambos relacionados con Diana, ambos castigados por una transgresión:

—Acteón por mirar desnuda a Diana, símbolo de la virgen autosuficiente, independiente y célibe cuyo territorio está extramuros de la ciudad (¿autorretrato de Sor Juana?).

—Orión (muerto por la picadura de un escorpión) por haber amenazado con matar a todos los animales, hijos de Gaia. Se le conoce también como el amante de Diana, quien lo deja ciego de un flechazo por celos de Aurora. Arrepentida, Diana le pide a Zeus que lo ponga en el firmamento escapando de la picadura del escorpión. Zeus concede y cuando la constelación del Escorpión asciende, Orión escapa por el poniente, tal como sucede en el poema, a la hora del conticinio.

Son contrarios en cuanto que Orión es deseado por Diana y lo ciega para que no vea a sus rivales, mientras que Acteón desea a Diana y ésta lo castiga para que no la vea a ella. Delator desplazamiento, digno del *Sueño* de Sor Juana: deseante por deseado, ambos por ella castrados. Mata dos pájaros de un plumazo.

Aries y Tauro, dado este contexto —de constelaciones mencionadas por Sor Juana en el horizonte norte, desde el poniente, donde se oculta derrotada la Luna, hasta el oriente, donde el Sol surge triunfante—, son seguramente "el vulgo bruto" al que se refiere Sor Juana en los versos 105-110. (Entre los números 5 y 6 del cartel.)

El Auriga / El Cochero (marcada con el número 13 en el cartel), esta constelación es la última estación del itinerario del viaje del alma de Sor Juana por los espacios siderales en pos de la Causa Primera. Es el aterrizaje forzoso por falta de alimento para seguir soñando y porque su ocultación en el ocaso marca el amanecer. Representa al hijo del Sol, Helios, quien le exigió —para que se supiera que efectivamente era su padre (un motivo muy importante para Juana de Asbaje, quien no sabía quién era su progenitor, si, como algunos dicen, el cura de una parroquia cercana a Nepantla o el comerciante vizcaíno, ambos Asbaje)— le prestara su carroza, con cuadriga de caballos de fuego, para conducirla por el Cielo y alumbrar al mundo. Tan mal lo hace, que Zeus lo derriba y mata con su fulminante rayo. ¿Como Dios a la atrevida Sor Juana?

Llamativa constelación del hemisferio norte, visible en las noches de invierno. Por lo general representa a un joven abrazando una cabra con su brazo izquierdo —allí brilla Capella, su estrella alfa y la sexta más brillante del firmamento—

Recuadro 11. El Auriga = Faetón

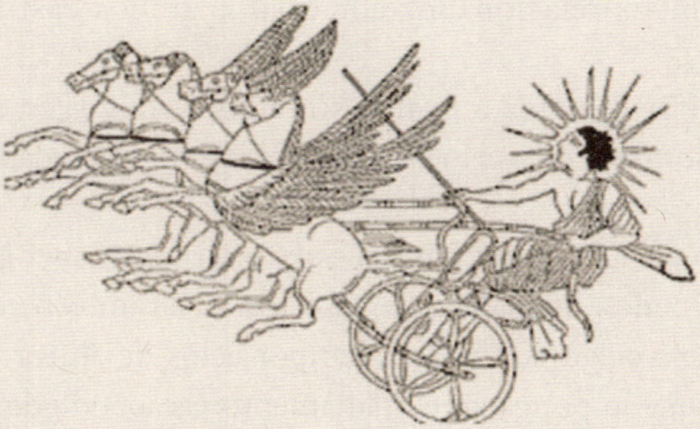

Otras, mas esforçado
Demaſiada acuſaba cobardia,
El Lauro antes ceder, que en la lid dura
Aver ſiquiera entrado;
Y al exemplar oſado
Del claro Joven la atencion bolvia,
Auriga altivo del ardiente Carro:
Y el (ſi infeliz) bizarro
Alto impulſo el eſpiritu encendia,
Donde el animo halla
Mas que el temor, exemplos de eſcarmiento,
Abiertas ſendas al atrevimiento,
Que vna ya vez trilladas, no ay caſtigo,
Que intento baſte à renovar ſegundo;
Segunda ambidicion digo,
Ni el Panteon profundo,
Cerulea tumba à ſu infeliz ceniza,
Ni el vengativo rayo fulminante
Mueve, por mas que aviſa
Al animo arrogante,
Que, el vivir deſpreciando, determina
Su nombre eternizar en ſu ruina;
Typo es antes, modelo,
Exemplar pernicioſo,
Que alas engendra à repetido buelo
Del animo ambicioſo,
Que del miſmo terror haziendo halago,
Que al valor liſongea,
Las glorias deletrea
Entre los caractères del eſtrago.

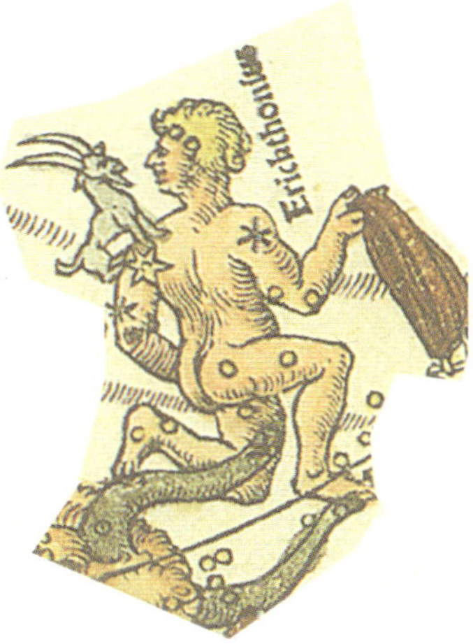

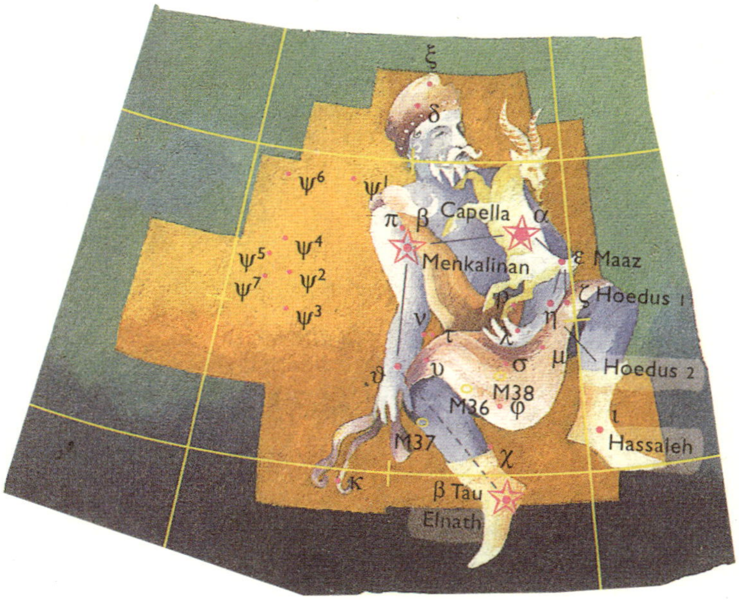

y sujetando unas riendas y/o el látigo del conductor con su mano derecha. Apoya su pie derecho sobre el cuerno izquierdo de la constelación de Tauro, donde brilla la estrella El Nath.

Queda enmarcada por las constelaciones de Camelopardalis arriba al norte, el Lince al poniente, Perseo al oriente, y Tauro y Géminis al sur, como se aprecia en la acuarela de Geoffrey Cornelius (imagen de la derecha).

Existen varios mitos asociados al Auriga. Uno de los más antiguos es el de Erictonius, hijo de Minerva y Vulcano, de quien heredó la cojera. Para movilizarse inventó la carroza de cuatro caballos (la cuadriga) y la introdujo en Atenas. Zeus, complacido, lo inmortaliza en el firmamento. Aunque en 1700 La Lande le cambia el nombre a Belerofón y/o Faetón (como lo nombra Sor Juana), no persistió esta denominación y con el nombre de Erictonius o el de Auriga aparece en los planisferios.

Sor Juana lo llama "Auriga altivo del ardiente carro", quien despreciando la vida determina eternizar su nombre en su "rüina". Su ejemplo, dice, la insta a intentar por segunda vez el ascenso hacia la Causa Primera, pero ya no es posible: va de caída, y el Auriga cae... cae y se precipita en el poniente, el sueño está por acabarse; la falta de alimento, los miembros del descanso cansados, el Sol a punto de aparecer en el oriente... Sor Juana despierta.

Es hasta el último verso, el 975, cuando Sor Juana nos revela que es ella la que ha estado soñando: "el Mundo iluminado, y yo despierta".

Es un final sorpresivo, digno del más puro estilo barroco, sobre todo porque el mal no se ha extinguido: la Luna, la Noche y su ejército de sombras sólo se fueron

Recuadro 12. Coincidencia de la Vía Láctea (mancha azul) y el horizonte del 22 de diciembre de 1684 a las 6:00 a.m. en la Ciudad de México. Las constelaciones coloreadas son a las que alude Sor Juana en su *Sueño*

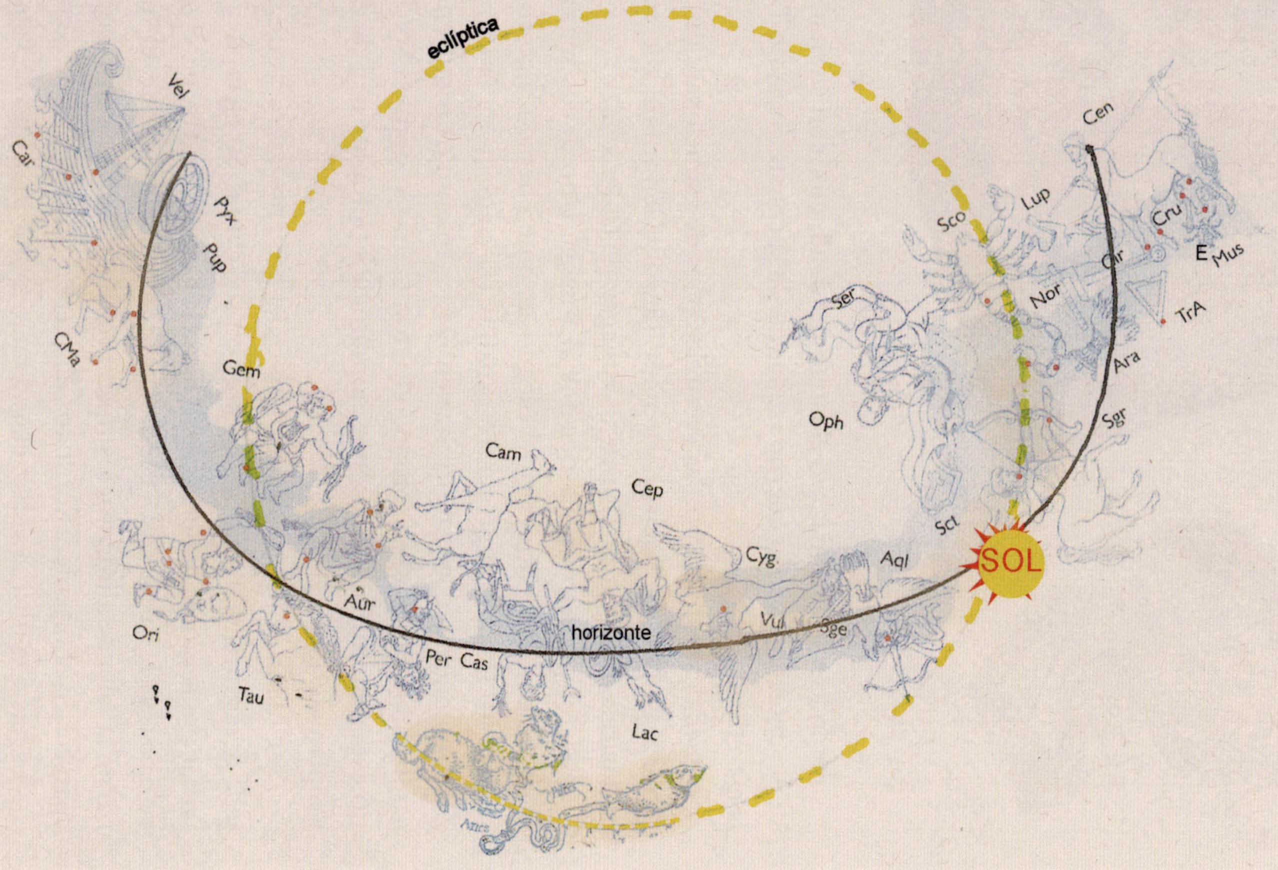

al otro hemisferio: "en la mitad del globo que ha dejado / el Sol desamparada, / segunda vez rebelde determina / mirarse coronada", y amenazan volver.

El ciclo interminable de días y de noches sugiere la posibilidad de otros *Sueños:* el segundo, el tercero... y otros despertares, antes de que la Muerte, hermana mayor del Sueño, cubra con su sudario a Sor Juana.

Este ciclo vigilia / sueño "arroja al alma a un acto sin fin, a un precipicio que es el propio sueño", como bien señala Víctor Gerardo Rivas en su magnífico libro *La sombra fugitiva* (UNAM, 2001).

Queda por saber si Sor Juana intentó, en vida, otros sueños, otros vuelos. Lo indudable es que —según queda asentado en el *Poimandres*—* al momento de su muerte se le presenta la oportunidad definitiva: su alma, por fin separada de "la corporal cadena", emprende el viaje hacia la Causa Primera.

Pero vuelvo a Faetón, que es con quien Sor Juana asocia la constelación del Auriga. En sus versos 785-787 narra cómo, ya habiendo su alma fracasado en su

* Hermes Trismegisto, *Poimandres*, Muñoz, Moya y Montraveta (eds.), Barcelona, España, pp. 11-13.

Éste es el texto en el que se basó Athanasius Kircher para escribir su viaje de conocimiento: el *Iter Extaticum*, frecuentemente nombrado como posible influencia hermética de Sor Juana. Lo que, hasta donde yo sepa, no se ha citado, es el contenido de estas páginas que presentan la manera —según esta visión— en que el alma humana encarna y desencarna: atravesando las esferas planetarias y, según sea el caso, adquiriendo o desembarazándose de las características que forman su cuerpo astral, que, junto con el terrenal, constituyen la cárcel del alma. Sólo en el sueño, como un ensayo, y en la muerte, definitivamente, puede el alma **intentar** salir de esta cárcel tratando de atravesar todas las esferas planetarias para llegar a ser, otra vez, una con la Causa Primera.

Subrayo **intentar** porque el éxito no está asegurado. Las características planetarias pueden haberse solidificado en sus vicios respectivos y el alma tiene que ser capaz de abandonar la potencia de crecer y menguar (Luna), el falso conocimiento (Mercurio), el vano deseo (Venus), el esplendor del mando (Sol), la audacia (Marte), las riquezas (Júpiter) y la mentira (Saturno). Si falla, el alma reencarna, otra vez encarcelada.

La manera de aumentar las probabilidades de éxito es mediante la práctica del desapego y de las virtudes que representan los mismos planetas, siempre teniendo presente la promesa de esta filosofía: "Si aprendes a conocerte como hecho de vida y de luz, y si ésos son los elementos que te constituyen, volverás a la vida" (la Luz).

Tal vez este modelo hermético esclarezca un poco la vida de renuncia de los últimos años de Sor Juana.

Recuadro 13. Eclipses mexicas

Aunque nadie que yo sepa haya interpretado el mito del nacimiento de Huitzilopochtli como un eclipse lunar, a mí me lo parece.

Coyolxauhqui (la Luna) incita a sus hermanos, los Huitzinahuaque (los 400 surianos: las estrellas del sur) a matar a su madre, Coatlicue (la Tierra), por haberlos deshonrado, por estar preñada de Huitzilopochtli (el Sol). Guiados por Coyolxauhqui van a matarla, pero a punto de hacerlo:

En ese momento nació Huitzilopochtli,
se vistió de atavíos,
su escudo de plumas de águila,
sus dardos, su lanzadardos azul,
el llamado lanzadardos de turquesa.
Se pintó su rostro con franjas diagonales
con el color llamado pintura de niño.

Puso fuego a la serpiente hecha de teas llamada Xiuhcóatl
que obedecía a Huitzilopochtli.
Luego con ella hirió a Coyolxauhqui,
le cortó la cabeza.

El cuerpo de Coyolxauhqui
fue rodando hacia abajo,
cayó hecho pedazos,
por diversas partes cayeron sus manos,
sus piernas, su cuerpo.
Entonces Huitzilopochtli se irguió,
persiguió a los 400 surianos,
los fue acosando, los hizo dispersarse.

Estos versos describen el nacimiento del Sol en invierno, cuando surge desde su lugar más al sur, en el solsticio de invierno, el rumbo de Huitzilopochtli. Cuando baja a la Tierra, desde donde nace esa mañana —aunque débil como es en el solsticio (cuando el Sol se para) "y uno de sus pies, el izquierdo, era enjuto"— decapita (eclipsa) a la Luna con su serpiente de luz (su Xiuhcóatl) y dispersa a las estrellas del sur al levantarse sobre el horizonte.

**El mito del nacimiento de Huitzilopochtli. Códice florentino*, lib. III, cap. 1, traducción del náhuatl de Miguel León-Portilla.

ascenso a la Causa Primera, tanto por la vía intuitiva* como por la discursiva, contempla la posibilidad de un segundo intento "y al ejemplar osado / del claro joven la atención volvía, / —auriga altivo del ardiente carro—" (vv. 785-787), aunque sabe el final trágico de Faetón: morir fulminado por el rayo del padre de los dioses al no poder conducir la carroza del Sol. Pero esto no disuade "al ánimo arrogante / que, el vivir despreciando, determina / su nombre eternizar en su rüina" y que "las glorias deletrea / entre los caracteres del estrago" (vv. 800-802 y 809-810).

* La vía intuitiva no fracasa de inmediato; obtiene un triunfo efímero. Los versos 435 a 439, justo antes del pasaje de Ícaro del que bajo este asterisco me ocupo, claramente lo expresan: el alma está colocada en lo alto de su mental pirámide: "En cuya casi elevación inmensa, / gozosa mas suspensa, / suspensa pero ufana, / y atónita aunque ufana, la suprema / de lo sublunar Reina soberana", tendió su vista perspicaz por todo lo creado y a ese inmenso agregado le fue posible verlo, mas —dice— no lo comprendió.

Anoto que, en el viaje, su alma, para ser "de lo sublunar Reina soberana", cuando menos, ha llegado a la Luna.

A renglón seguido, con la metáfora de Ícaro, cesa lo que la vista pueda haber abarcado, intuido:

Contra objecto, que excede en excelencia
Las lineas viſuales;
Contra el Sol digo, cuerpo luminoſo,
Cuyos rayos caſtigo ſon fogoſo,
Que fuerças deſiguales
Deſpreciando, caſtigan rayo à rayo
El confiado, antes atrevido,
Y ya llorado enſayo,
Necia experiencia, que coſtoſa tanto
Fue, que Icaro ya ſu proprio llanto
Lo anegò enternecido,

Ícaro se eleva demasiado, contra las instrucciones expresas de su padre, y el Sol deshace la cera con que estaban pegadas sus alas; cae al mar y muere.

Simbólicamente son muy parecidos Ícaro y Faetón: ambos, desobedientes y atrevidos, son derribados de las alturas, uno por Zeus, otro por el Sol —también un dios, arquetipo del Padre—. Hay cierta culpa, yo diría que bastante, en sus padres directos: Helios deja que conduzca su carroza —la que ¡ni Zeus puede conducir!— un mozalbete incompetente, y Dédalo no toma precauciones: hubiera bastado un cordel que los uniera, al padre y al hijo, en su vuelo a la libertad.

Esta irresponsabilidad de los padres, ¿no acusa un deseo inconsciente de matar a sus hijos? Sor Juana llamaba padre al padre que no conoció; padre espiritual a su confesor, Núñez de Miranda, y al fundador de su orden, san Jerónimo, y Dios Padre, a Dios. ¿Quién le falló? ¿Todos? Todos.

Su trágica carrera y sus estragos están grabados en el firmamento: es la Vía Láctea. Sor Juana la incluye en su *Sueño* al equiparar su afán de conocimiento con el de Faetón. También porque al amanecer ese día ve o sabe que la Vía Láctea coincide con el horizonte y con las constelaciones en ese collar ensartadas.

Este coincidir del horizonte con la Vía Láctea (véase el recuadro 12) resalta las constelaciones que son más que el atrezo para el viaje que el alma de Sor Juana emprende hacia la Causa Primera; son el vehículo mismo que la transporta, y a nosotros también, más allá de la triforme Diosa, guarecidos todos por el cono de sombra; y como Nictimene, volamos hacia las puertas solsticiales para descifrar el misterio de esta vida y de la "aparatosa máquina del mundo".

El poema que comenzó con la música quieta del silencio, los habitantes de la oscuridad y los poderes de la Noche y el Sueño, termina con una lucha de la Luz contra las Tinieblas, en la que se imponen los colores luminosos y los clarines de las aves, los poderes del Día y el Despertar. Es la cíclica lucha de Osiris contra Seth, el eterno y cotidiano drama egipcio. También entre los mexicas, la lucha de Huitzilopochtli contra Coyolxauhqui (véase el recuadro 13); del Sol contra la Luna; del Amanecer y la Aurora contra la Noche, lucha bellísimamente descrita en los versos finales, 887-975, que rezuman ambas tradiciones, la mexicana y la egipcia, tan importantes para Sor Juana:

En tanto el Padre de la Luz ardiente,
De acercarſe al Oriente,
Ya el termino prefixo conocia,

El Sol acerca al oriente, va a amanecer.

Y à el Antipoda opueſto deſpedia
Con tranſmontantes rayos,
Que de ſu luz, en tremulos deſmayos,
En el punto haze miſmo ſu Occidente,
Que nueſtro Oriente iluſtra luminoſo;

Al mismo tiempo, la Luna se acerca al poniente: es Luna llena. La Luna, antípoda* del Sol, porque por naturaleza se le opone: es la luminaria de la noche. Y, además, su opuesto espacialmente. En el poema, al mismo tiempo que el Sol está surgiendo en el oriente, la Luna se está ocultando en el poniente.

Pero de Venus antes el hermoſo,
Apacible Luzero
Rompiò el albor primero,

Venus surge antes que el Sol, es Lucero de la mañana.

* Méndez Plancarte, en sus anotaciones al *Sueño*,[14] se equivoca al pluralizar; habla de "nuestros opuestos antípodas", que no vienen al caso.

Son estos 11 versos la clave astronómica del poema: Sor Juana, no sé si en las efemérides o en un planisferio, si en el firmamento o en su fantasía, ve, calcula o sueña, pero, en todo caso, describe este amanecer con Luna llena, anunciado por Venus como Lucero.

Y del viejo Titan la bella Eſpoſa,
Amazona de luzes mil veſtida,
Contra la noche,armada,
Hermoſa,ſi atrevida,
Valiente,aunque lloroſa,
Su frente moſtrò hermoſa,
De matutinas luzes coronada,
Aunque tierno preludio,ya animoſo,

La aurora, preludio del Sol

Del Planeta fogoſo,
Que venia las Tropas reclutando
De biſoñas viſlumbres,
Las mas robuſtas veteranas lumbres,
Para la retaguardia reſervando,

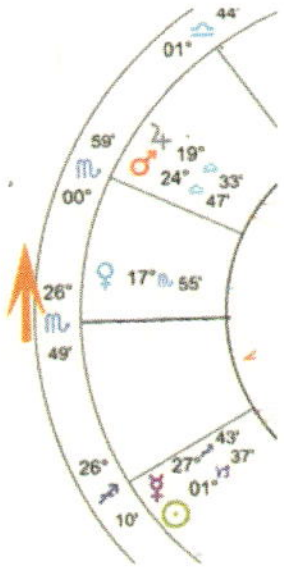

Atenuadas sus luces por el amanecer, aparecen las "bisoñas vislumbres" (tenues resplandores principiantes) de algunas estrellas como Deneb, Vega, Antares y de los planetas Júpiter, Marte, Venus y Mercurio, que en esta fecha surgen por el oriente antes que el Sol, que ya lucirá sus veteranas lumbres.

Contra la que tirana Vſurpadora
Del Imperio del dia,
Negro Laurel de ſombras mil ceñia,
Y con nocturno Cetro pavoroſo,
Las ſombras governaba,
De quien aun ella miſma ſe eſpantaba;

Contra la Luna eclipsada, coronada de sombras, que blande todavía su oscuro cetro piramidal.

Pero apenas la bella Precurſora
Signifera del Sol,el luminoſo,
En el Oriente,tremolò Eſtandarte,
Tocando al arma todos los ſuaves,
Si belicos Clarines de las Aves,
Dieſtros (aunque ſin arte)
Trompetas ſonoroſos,
Quando (como tirana al fin) cobarde
De rezelos medroſos
Embarazada;bien que hazer alarde
Intentò de ſus fuerças,oponiendo
De ſu funeſta capa los reparos,
Breves en ella,de los tajos claros
Heridas recibiendo;
Bien,que mal ſatisfecho ſu denuedo,
Pretexto mal formado fue del miedo,
Su debil reſiſtencia conociendo,
A la fuga ya caſi cometiendo,
Mas que à la fuerça,el medio de ſalvarſe,
Ronca tocò bozina
A recoger los negros Eſquadrones,
Para poder en orden retirarſe,

En nuestro horizonte el Sol avanza; la Luna retrocede, huye hacia el poniente. No la resguarda su capa de sombras; la rasgan tajos de luz. Con ronca voz despavorida, llama a sus escuadrones de sombra a total retirada.

Sale finalmente el Sol: amanece.

Quando de mas vezina
Plenitud de reflexos fue aſſaltada,
Que la punta rayò mas encumbrada
De los del mundo erguidos Torreones.
Llegò en efecto el Sol, cerrando el gyro,
Que eſculpiò de oro ſobre azul Zafiro,
De mil multiplicados,
Mil vezes puntos, fluxos mil dorados:
Lineas digo de luz clara ſalian
De ſu circunferencia luminoſa,
Pautando al Cielo la cerulea Plana,

Y à la que antes funeſta fue tirana
De ſu Imperio atropadas embeſtian,
Que ſin concierto huyendo preſuroſa,
En ſus miſmos horrores tropezando,
Su ſombra iba piſando,
Y llegar al Ocaſo pretendia,
Con el (ſin orden ya) desbaratado
Exercito de ſombras acoſado
De la luz, que el alcançe le ſeguia.

Conſiguiò al fin la viſta del Ocaſo
El fugitivo paſſo,
Y en ſu miſmo deſpeño recobrada,
Esforçando el aliento en la ruina,
En la mitad del globo, que ha dexado
El Sol deſamparado,
Segunda vez rebelde determina
Mirarſe coronada,

Por fin llega la Luna al ocaso, despeñada de nuestro hemisferio por la luz que finalmente le da alcance. La antípoda del Sol, la usurpadora del imperio del día, la tirana, funesta y cobarde —epítetos todos que le aplica Sor Juana— ya no está. Pero se recobra en el otro hemisferio, "que ha dejado el Sol desamparado:" y además —no necesita aclarárnoslo— volverá.

En estos 88 últimos versos que he dividido artificialmente en 11 estrofas, los poderes de la Luz: el Sol, la Aurora y Venus, van creciendo en fuerza, y los de la Oscuridad: la Luna y sus escuadrones de sombra, van en ella menguando. La música no es mi fuerte, o, mejor dicho, es mi debilidad, pero me parece que hay dos voces que se alternan el poder en las estrofas: la de la Luz, creciente, y la de la Oscuridad, decreciente.

La secuencia, si le asignamos el signo + a la Luz y el signo – a la Oscuridad es + – + + + – + – + – +.

Aunque los únicos sonidos mencionados son, por parte de la Luz, los "bélicos clarines de las aves... trompetas sonorosos" y la "ronca bocina" llamando a retirada, por parte de la Oscuridad, me parece que en el vocabulario referente a los poderes de la Luna abundan las oes y escasean las íes. Y por lo que toca a las consonantes, lo oscuro se nombra con sonidos oclusivos como los que se enuncian en palabras con b, p, mb, ct, dr, gr, tr, mientras que lo luminoso se enuncia por lo general con sonidos abiertos. La validez de esta conjetura la dilucidarán quienes sí conozcan de fonología y de música.

Mientras nueſtro Hemiſpherio la dorada,
Iluſtraba del Sol madexa hermoſa,
Que con luz judicioſa
De orden diſtributivo, repartiendo
A las coſas viſibles ſus colores
Iba, y reſtituyendo
Entera à los ſentidos exteriores
Su operacion, quedando à luz mas cierta
El mundo iluminado, y yo deſpierta.

Por fin sale el Sol, elimina grises y negros, devuelve a las cosas sus colores y restituye la operación a los sentidos, a la vista que aprecia el mundo iluminado. Sor Juana, que ahora nos enteramos, con el último verso, era quien soñaba, despierta.

Recuadro 14. Esta figura ilustra el plan discursivo contenido en los versos 575-826
(Véase los comentarios 36 a 43 del cuadro 2, pp. 48 y 49).

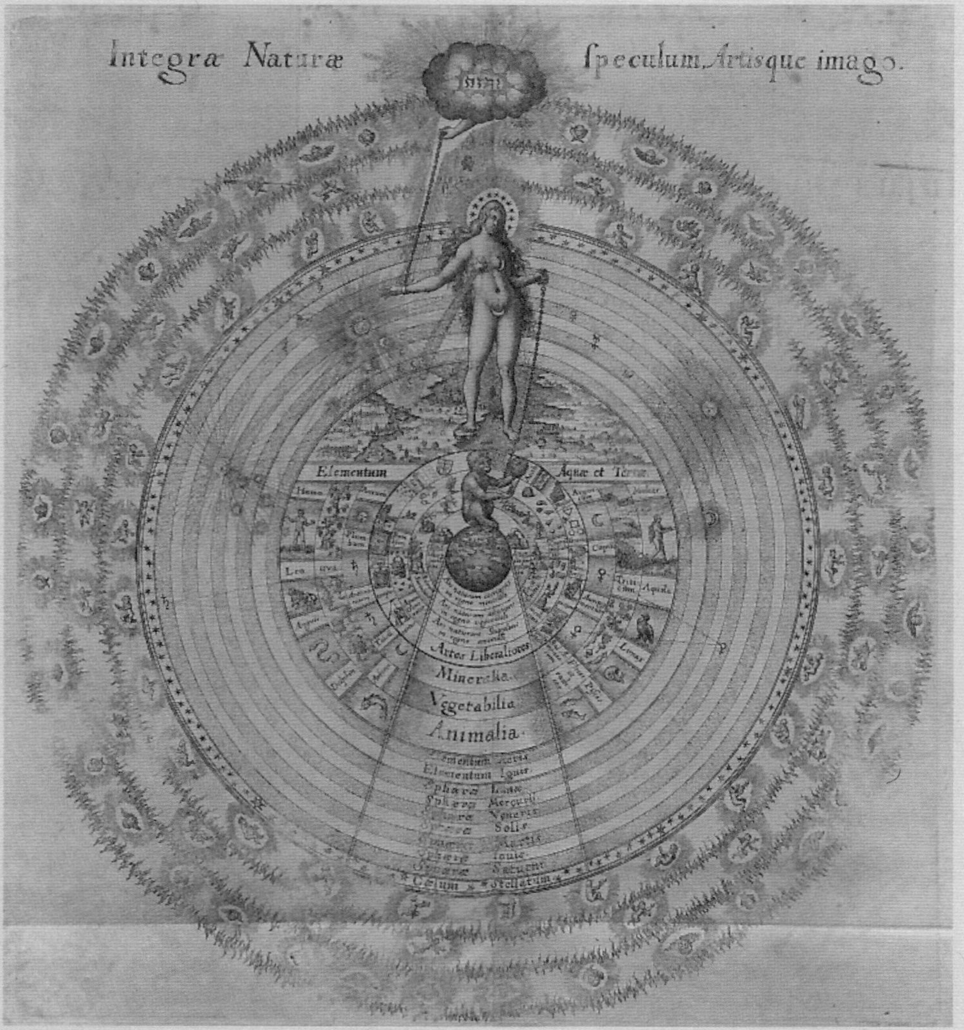

EL VIAJE DEL *SUEÑO:*
HORARIO E ITINERARIO ABREVIADO

Sor Juana dibuja su *Primero sueño* en el cielo visible en la Ciudad de México, la noche del 21 de diciembre y el amanecer del 22 de diciembre de 1684 en tres momentos principales:

—Momento inicial: **dormir**. Son los primeros 191 versos del poema.

El viaje que su alma emprende hacia la Causa Primera, más allá de las estrellas, lo comienza a la hora del **primero sueño**, momento del día (8:40-10:50 p.m.) con que titula su poema. En la noche todos duermen, desde las constelaciones hasta los amantes (¿Perseo y Casiopea, constelaciones —en esa fecha: 21 de diciembre de 1684— bajo el horizonte, o Marte y Venus, que también lo están?) y el ladrón (¿Mercurio, bajo el horizonte?), los sempiternos desvelados. Sor Juana también duerme. Sólo Nictimene vela y, ya convertida en lechuza, vuela por el cono de sombra hacia las Puertas Solsticiales para llegar "a los lucientes / faroles sacros de perenne llama". Va con los ojos abiertos para comprender los misterios de la Oscuridad. Guarecida por la Sombra, su objetivo es asomarse a la Luz, a la Causa Primera, el Uno que trasciende los contrarios y origina el "inmenso agregado", la multiplicidad del Universo.

—Momento medio: **soñar**. Son los siguientes 695 versos, en los que Sor Juana propiamente sueña.

La sombra que proyecta la Tierra esa noche eclipsa la Luna cuando "casi [está] ya pasando" el **conticinio**, momento del día (2:40-4:50 a.m.) en que "la sombra dimidiaba", expresión usada algunas veces en los Lunarios de la época para indicar la mitad de un eclipse lunar.

Es en este momento en que —ya dormidos todos los seres sublunares, su "alma, pues, suspensa / del exterior gobierno", y su cuerpo, "un cadáver con alma, / muerto a la vida y a la muerte vivo"— su fantasía le muestra "las figuras / no sólo ya de todas las criaturas", sino también de las cosas intelectuales. Su alma se siente casi dividida de su mortal cadena y "a la mental pirámide elevada...

en cuya casi elevación inmensa, / gozosa mas suspensa, / suspensa pero ufana, / y atónita aunque ufana... la vista perspicaz, libre de anteojos... libre tendió por todo lo crïado".

Es el momento más alto del *Sueño*. Sólo un instante después ya no entiende nada y —a pesar de tratar de ascender primero por la vía intuitiva y luego por la vía discursiva— ya todo es caída y regreso.

—Momento final: **despertar**. Son los 89 últimos versos del poema.

Al **amanecer**, a las 6:35, hora local de la Ciudad de México el 22 de diciembre de 1684, el *Sueño* termina. Termina, tanto por el estado interno de la durmiente: "la falta sintiendo de alimento / los miembros extenuados, / del descanso cansados", como porque está a punto de amanecer (Faetón, la constelación del Auriga, cae por el poniente al mar, el horizonte; sus pedazos forman la Vía Láctea y el Águila está a punto de ascender por el oriente).

Comienza a amanecer con los versos: "En tanto el Padre de la Luz ardiente, / de acercarse al Oriente / ya el término prefijo conocía, / y al antípoda opuesto despedía / con transmontantes rayos: / que —de su luz en trémulos desmayos— / en el punto hace mismo su Occidente, / que nuestro Oriente ilustra luminoso. / Pero de Venus, antes, el hermoso / apacible lucero / rompió el albor primero".

Y finalmente amanece en el último verso, cuando Sor Juana afirma: "el Mundo iluminado, y yo despierta".

Ahora bien, cualquier división que se le practique a un poema como *Primero sueño*, para el que su autor escogió la silva como forma poética, es una barbaridad. Y es que en la silva, el poeta tiene plena libertad para escribir el número de versos que quiera; basta que alterne, en el orden que desee, sin estrofas, versos heptasílabos con endecasílabos, algunas veces sin rima y con una métrica cambiante, obteniendo así un ritmo fluido, a veces enredado como el caminar por la selva, de donde le viene su nombre.

Sin embargo, para no perderse en esta selva, muchos han puesto mojoneras en el recorrido de su lectura, más o menos arbitrarias. Pero, dondequiera que se hagan los cortes, independientemente del criterio que se siga, nunca separan de manera tajante un tema de otro; siempre hay traslapes.

Para la división que presento arriba, seguí un criterio horario: el poema comienza a la hora que indica su título: primero sueño, el momento del día que, en invierno, va de las 8:40 a las 10:50 p.m. Es el momento del dormir del Cosmos y de los seres sublunares. Sigue, traslapándose, el momento del soñar, ya casi acabándose el conticinio, digamos que a las 4:50 a.m. Y, finalmente, con el mencionado traslape, sigue el momento del amanecer y el despertar de Sor Juana, que ocurre definitivamente a las 6:35 a.m. en la Ciudad de México, la fecha del solsticio de invierno.

La mejor manera de sintetizar el poema, reconocida por todo mundo, es la que presenta el padre Calleja en la aprobación que da al libro *Fama y obras póstumas del Fénix de México*,[24] donde aprovecha para contarnos la vida de Sor Juana. De los muchos detalles interesantes de su narración, nos enteramos de que fueron amigos epistolares durante 20 años, así que su síntesis bien podría ser de Sor Juana misma, máxime que la presenta en letra cursiva, como todas las demás citas que hace:

> "la Madre Juana Inès no tuvo en eſte eſcrito mas campo, que eſte: *Siendo de noche, me dormi; ſoñè, que de vna vez queria comprehender todas las coſas de que el Vniverſo ſe compone; no pude, ni aun diviſas por ſus cathegoricas, ni aun ſolo vn individuo. Deſengañada, amaneciò, y deſpertè.*"

Resalté con amarillo las divisiones del poema que establece esta síntesis e hice ligeras variaciones para ajustarme al texto. Muestro los resultados de llevar a cabo esta partición:

Cuadro 1

Versos	Cantidad de versos	Tema	Dios*	Comentarios
1-150	150	La noche	Nox Luna	Incluye desde la sombra y sus habitantes, hasta el dormir del Cosmos y de los seres sublunares.
151-256	106	El dormir	Somnus	Incluye conticinio, dormir humano, alma libre del cuerpo y vapores desde el estómago al cerebro, que son los que producen el sueño.
257-826	570	El sueño	Morfeo	Incluye el ascenso del alma por su pirámide mental y el fracaso por comprenderlo todo, tanto por la vía intuitiva, como por la intelectiva.
827-886	60	El desperezo	Aurora	Incluye la zozobra, la extinción de la materia que producían los vapores del sueño y el desperezo.
887-974	88	El amanecer	Día Sol	Incluye la lucha de los poderes de la Luz: Aurora, Venus y el Sol contra la Noche y la Luna.
975	1	El despertar	No hay dios, pero sí la conciencia de los propios límites y la elaboración y escritura del sueño, que es lo que le da existencia como tal: como sueño y como *Sueño*.	

* La presencia de los dioses se debe a que Sor Juana está en su *Sueño* tan apegada a Ovidio, que seguramente lo sigue también en este punto: los dioses inducen el sueño a los humanos, como explica él en sus *Metamorfosis*, en el sueño que Juno le pide a Somnus que le mande a Alcíone. (Véase "El sueño de Alcíone", pp. 37-39 de este libro.)

Cuadro 2

Número	Versos	Cantidad de versos	Tema	Comentarios
0	Título	1	Primero sueño	7:40-9:50 p.m. Véase pp. 17, 18 y 20.
1	1-24	25	La sombra de la Tierra	Véase emblema (**E**) que es la portada (**P**), p. 16
2	25-38	14	Nictimene	Véase **E,** p. 22.
3	39-52	14	Las Míniadas	**E** y Metamorfosis (**M**), transformadas en murciélagos por no honrar a Baco.
4	53-55	3	Ascálafo	**E** y **M,** ministro de Plutón transformado en búho por indiscreto.
5	56-72	17	La capilla canora	**E,** formada por los anteriores seres emiten un "triste son intercadente".
6	74-79	6	Harpócrates	Véase **E**, p. 33.
7	80-85	6	El can y el viento	Véase **E**, p. 34, y texto (**T**), pp. 33, 35.
8	86-92	7	El mar y los peces	Véase portada (**P**), núm. 5, y **T,** p. 35.
9	93-96	4	Alcíone	Véase **P**, núm. 6, y **T**, pp. 37 a 39 **M**.
10	97-110	14	El vulgo bruto en las cavernas del monte	Véase **P** entre núms. 5 y 6, **E**, p. 44, y **T**, p. 41, y la descripción que hace Ovidio de la casa del *Sueño*, p. 38.
11	111-112	2	El rey	Véase **P**, núm. 7, **E** y **T**, p. 39. **M**.
12	113-122	10	Acteón	Véase **P**, núm. 8, y **T**, p. 41. **M**.
13	123-128	6	La leve turba	Véase la nota 15.
14	129-140	12	El águila	Véase **P**, núm. 9, **E**, p. 20, y **T**, p. 23.
15	141-146	6	La corona	**E** "sobre la Majestad pensión gravosa".
16	147-150	4	Todos dormían	
17	151-152	2	El conticinio	2:40-4:50 a.m. Véase **T,** pp. 18, 19, 21 y 26, **P**, núm. 10.
18	153-191	39	El dormir	Bajo el dominio del dios Somnus y de su hijo Morfeo. **T**, pp. 38-39. **E**.
19	192-203	12	Relación cuerpo-alma en el dormir	"el cuerpo… un cadáver con alma, muerto a la vida y a la muerte vivo".

Número	Versos	Cantidad de versos	Tema	Comentarios
20	204-211	8	Del dormir al soñar 1	El cuerpo dormido está vivo y sus órganos intervienen para producir el sueño. Primero el corazón, "centro vivo / de espíritus vitales".
21	212-228	17	Del dormir al soñar 2	También el pulmón, "respirante fuelle / [...] que imán del viento es atractivo", participa.
22	229-233	5	Del dormir al soñar 3	Mientras, "con mudas voces impugnaban / la información, callados, los sentidos" y la lengua muda,
23	234-256	23	Del dormir al soñar 4	el estómago provee al cuerpo del quilo que alambicó de los alimentos y lo interpone entre el calor y lo húmedo, produciendo unos vapores, que envía al cerebro, tan claros, que no empa-
24	257-263	7	Del dormir al soñar 5	ñaban "los simulacros que la estimativa / dió a la imaginativa" y ésta entregó a la memoria, y
25	264-279	16	Soñar 1 (tratamiento abstracto)	permitían que la fantasía formase imágenes diversas —como se veían lejanos sucesos en la azogada luna del Faro de Alejandría— y
26	280-291	12	Soñar 2 (tratamiento abstracto)	copiara con pincel invisible las imágenes de todas las cosas y "mañosa, las representaba / y al alma las mostraba". Véase **E**, p. 40.
27	292-308	17	Soñar 3 Vía intuitiva 1 (**tratamiento personal, lo que ella sueña**) +	Y el alma "... toda convertida / a su inmaterial ser y esencia bella" contemplaba aquella centella de Dios que gozaba dentro de ella misma. Y "juzgándose casi dividida" de la "corporal cadena", "ya el curso considera / regular, con que giran desiguales / los cuerpos celestiales".
28	309-326	18	Soñar 4 Vía intuitiva 2 +	Y le parece, al alma, estar "en la eminente / cumbre de un monte" más alto que el Monte Atlas, más que el Olimpo.
29	327-339	13	Soñar 5 Vía intuitiva 3 +	Adonde no llega el vuelo del águila **(E)**, alcanza sólo la tercera parte de la altura de la sombra, de su "continuado cuerpo horrendo". Véase **T**, nota 28, pp. 90-92, y nota 29, pp. 92-93
30	340-398	72	Soñar 6 Vía intuitiva 4 Las pirámides 1 -	Y la vista de su alma que como lince trataba de ver la sutil punta de la pirámide "que al primer Orbe finge que se junta" cayó "fatigada del espanto, / no descendida, sino despeñada". Nota 15.
31	399-411	13	Soñar 7 Vía intuitiva 5 Las pirámides 3	Las pirámides son símbolos del alma "que como sube en piramidal punta / al Cielo la ambiciosa llama ardiente, / así la humana mente / su figura trasunta, / y a la Causa Primera siempre aspira". **E**, p. 69

Cuadro 2 (concluye)				
Número	Versos	Cantidad de versos	Tema	Comentarios
32	412-434	14	Soñar 8 Vía intuitiva 6 Las pirámides 4 y Torre de Babel +	Tanto las pirámides como la Torre de Babel eran pequeñas comparadas con la "mental pirámide elevada / donde —sin saber cómo— colocada / el Alma se miró" y le parecía "de sí tan remontada, que creía / que a otra nueva región de sí s̤alía". (**E**)
33	435-445	11	Soñar 9 Vía intuitiva 7 En la punta de su mental pirámide +	Y su alma, en esa elevación inmensa, "gozosa mas suspensa, / suspensa pero ufana, / y atónita aunque ufana, la suprema / de lo sublunar Reina soberana", "la vista perspicaz...", "libre tendió por todo lo crïado".
34	446-494	49	Soñar 10 Fracaso de la vía intuitiva 1 -	Vió pero no comprendió, y como a Ícaro, a su alma se le derritió la cera que pegaba sus alas. Véase **E** y **T**, p. 47, "y por mirarlo todo, nada vía, / ni discernir podía, / (bota la facultad intelectiva...)".
35	495-574	80	Soñar 12 Fracaso de la vía intuitiva 2	Su alma deslumbrada busca la oscuridad "sirviendo ya —piadosa medianera— / la sombra de instrumento" y, como La Nave Argos en el firmamento, encalla. Véase **E** y **T**, p. 36, y **P**, núm. 12.
36	575-616	42	Soñar 13 Vía discursiva 1. Cambio de enfoque: el método como esperanza	"mas juzgó conveniente / a singular asunto reducirse, / o separadamente / una por una discurrir las cosas / que vienen a ceñirse / en las que artificiosas / dos veces cinco son Categorías". Y así el entendimiento "haciendo escala, de un concepto / en otro va ascendiendo grado a grado" hasta que llega a la cumbre.
37	617-638	22	Soñar 14 Vía discursiva 2. Minerales y vegetales	"De esta serie seguir mi entendimiento / el método quería, / o del ínfimo grado / del ser inanimado" pasar al reino vegetal que succiona el alimento del agua (Thetis) y de la Tierra.
38	639-651	13	Soñar 15 Vía discursiva 3. Animales	Y luego pasar a investigar el reino animal, cuyas criaturas ya tienen sensitiva e imaginativa por lo que los astros pueden envidiarlas.
39	652-703	52	Soñar 16 Vía discursiva 4. El hombre	Y con este fundamento pasar al "maravilloso / compuesto triplicado, / de tres acordes líneas ordenado / y de las formas todas inferiores / compendio misterioso: / bisagra engarzadora / de la que más se eleva entronizada / Naturaleza pura / y de la que, criatura / menos noble, se ve más abatida", al hombre, quien es de Dios: "fin de Sus obras, círculo que cierra / la Esfera con la tierra, / última perfección de lo crïado". Visión de Patmos (**E**), ídolo de pies de barro soñado por Daniel y admitido como sueño propio por Nabucodonosor (**E**).

Númerc	Versos	Cantidad de versos	Tema	Comentarios
40	704-711	8	Soñar 17 Vía discursiva 5. Duda	"Estos, pues, grados discurrir quería / unas veces. Pero otras, disentía, / excesivo juzgando atrevimiento / el discurrirlo todo" quien ni aun la más pequeña cosa entendía.
41	712-729	18	Soñar 18 Vía discursiva 6. La fuente	"quien de la fuente no alcanzó risueña / el ignorado modo / con que el curso dirige cristalino" que averiguó el paradero de Proserpina en los infiernos y le avisó a Ceres.
42	730-756	27	Soñar 18 Vía discursiva 7. La flor	"quien de la breve flor aun no sabía / por qué ebúrnea figura / circunscribe su frágil hermosura / mixtos, por qué, colores / —confundiendo la grana en los albores— / fragrante le son gala".
43	757-780	24	Soñar 19 Vía discursiva 8. Cobarde	Por un lado, no quería seguir: "Pues si a un objeto solo —repetía / tímido el pensamiento— / huye el conocimiento / y cobarde el discurso se desvía" [...] "porque teme —cobarde— / comprehenderlo o mal, o nunca, o tarde".
44	781-826	46	Soñar 20 Vía discursiva 9. Osado	Por otro, quisiera imitar al "ejemplar osado", "al claro joven"... "auriga altivo del ardiente carro", aunque se da cuenta que si lo hace "su nombre eternizar(á) en su ruïna". Véase **E**, pp. 42 y 43, **P**, núm. 13, y **T**, pp. 41, 43
45	827-886	60	El desperezo	"Mas mientras entre escollos zozobraba / confusa la elección, sirtes tocando / de imposibles, en cuantos intentaba / rumbos seguir —no hallando / materia en que cebarse / el calor..." ya "había lentamente / el manjar transformado". Y entonces, los nervios entumecidos... los cansados huesos... los sentidos empiezan a recobrar su operación, "los ojos entreabriendo"... ... "y del cerebro, ya desocupado, / las fantasmas huyeron" como "sombra fugitiva / que en el mismo esplendor se desvanece.
46	887-974	88	El amanecer	Véase pp. 49 a 52 donde desgloso en 11 estrofas el amanecer.
47	975	1	El despertar	"el Mundo iluminado, y yo despierta".

El poema puede verse como un agregado de partes todavía más pequeñas, muchas de ellas emblemáticas. Es posible luego armar diferentes conjuntos, aparte de los ya comentados, que permiten apreciar el *Sueño* como lo que es: un diamante cortado con muchas facetas. Voy a proceder a realizar estas subdivisiones y luego daré algún ejemplo de reagrupación.

Esta partición del *Sueño* se parece a la que hiciera Méndez Plancarte, pero estrictamente coincide en menos de 20% de los cortes. De todas maneras, repito, es una barbaridad. Equivale a practicar una vivisección. Es como lo que hizo —creo que fue Miguel Servet— aquel que, para probar sus teorías sobre la circulación de la sangre, tasajeó a un cristiano que murió en la demostración. Espero que esto sea una exageración y que el desglose no haya matado al texto y al espíritu del *Sueño* y que sirva de ayuda al lector que se le acerque. Las celdas del cuadro son puertas que nos llevan a los temas preferidos de Sor Juana: la mitología, la pintura, la tradición grecolatina, Ovidio sobre todo; la filosofía aristotélica, la medieval, la neoplatónica; la astronomía, la astrología; la poesía, por supuesto, la Biblia, la pintura, el lenguaje... el afán y el viaje hacia el conocimiento y el saber. Baste un ejemplo: cuando se refiere a que tal vez el ídolo de pies de barro sea un símbolo del hombre (véase el número 39 en el cuadro 2) nos remite al relato bíblico del rey Nabucodonosor, quien despertó una mañana sabiendo que había soñado, pero como no se acordaba del sueño, llamó a Daniel y éste le relató su sueño —el de Daniel—: ¡el

Cuadro 3

Versos	Tema	Comentarios
0		• Primera campanada: 9:50 p.m. Título: *Primero sueño*
1-150	**La noche**	Invitación a dormir. Duerme el Cosmos y todos los seres sublunares.
151-152		• Segunda campanada: 4:50 a.m. Conticinio
153-291	**Del dormir**	Del dormir al soñar y del soñar (tratamiento general y abstracto).
292-574	**Vía intuitiva**	Lo que Sor Juana sueña: comprehenderlo todo, a través de la vista, de la contemplación.
575-826	**Vía discursiva**	Lo que Sor Juana sueña: comprender una por una, las cosas de que está compuesto el Todo, a través del pensamiento.
827-886	**El desperezo**	La zozobra, ¿la angustia del desengaño? Se empieza a acabar el sueño.
887-974	**El amanecer**	Despierta el Cosmos y todos los seres.
975	**El despertar**	• Tercera campanada: 6:35 a.m. Sor Juana despierta.

del ídolo de pies de barro! —metáfora que ha inspirado a tantos artistas y que, a través de un largo camino, ya ha pasado a la sabiduría popular—.

Una vez hecho este desglose del poema, que exigió otra relectura atentísima del *Sueño* —con la edición que hizo Alfonso Méndez Plancarte siempre al lado y que tanto estimo, aunque no siempre coincido—, en el cuadro 3 muestro, sin que sea la única posible, mi reagrupación preferida.

Me gustaría hacer notar que —salvo en el último verso— Sor Juana siempre habla en tercera persona, como espectadora: su alma es la que sube, la que ve, la que goza... Su entendimiento es el que quiere seguir un método, el que quería, el que disentía... Ella está ausente, se eclipsa del poema. Nunca dice: yo, salvo cuando, en el último verso, despierta.

Sor Juana se ve soñar, se piensa soñando, discurre soñando. Nunca dice: siento. La emoción la produce en el que la lee. Es un sueño lúcido y extremadamente lucido. Tal vez, como dice Sergio Fernández, es el sueño de una insomne.

Mucho se ha dicho que el *Primero sueño* es un poema que habla de la imposibilidad de conocer. Por lo que respecta a la *vía discursiva*, estoy de acuerdo. Pero su intento de ascender por la *vía intuitiva*, que es la primera que ensaya Sor Juana, es un éxito, aunque sea momentáneo. En los versos 292 a 339, 412 a 434 y 435 a 445 (véase los números 27, 28, 29 y 33 del cuadro 2), ella misma, aunque termine deslumbrada, nos lo atestigua.

Volviendo a la síntesis (véase p. 55) que ella misma, o por boca del padre Calleja, hace del poema, dice que, en su sueño, al no poder comprenderlo todo, "desengañada, amaneció y desperté".

La palabra "desengaño" tiene dos acepciones principales: la que tiene que ver con salir del engaño o del error en que se estaba y la relativa a lecciones recibidas por experiencias amargas.

Para Eduardo García Silva, psicoanalista lacaniano, al comentarle que, casi al final del poema, justo antes de despertar, Sor Juana escribe "entre escollos zozobraba, confusa la elección" de qué rumbo seguir (véase el número 45 del cuadro 3), me dijo que "la despierta la posibilidad de que apareciera lo real en su sueño y que Sor Juana no hace una poesía sobre un sueño sino que sueña una poesía".

Sergio Fernández, en su prólogo a la edición facsimilar de *Inundación castálida* que editara la UNAM en 1995, establece que el *Sueño* estructuralmente se concibe gracias a Quevedo (p. XII) y que "su *Primero sueño* es el viaje de un cuerpo a las regiones siderales lunares; pero es también el falso soñar de una conciencia lúcida que vigila su sueño hasta que, agotada de no encontrar el centro del deseo, despierta. Pero esta desilusión —o desengaño en el caso barroco— no es una persistencia dentro de su poesía" (p. XIX) (véase "El sueño de Quevedo" en el recuadro 15, página 62).

Recuadro 15. El sueño de Quevedo

¿Con qué culpa tan grave,
sueño blando y süave,
pude en largo destierro merecerte
que se aparte de mí tu olvido manso?
Pues no te busco yo por ser descanso,
sino por muda imagen de la muerte.
Cuidados veladores
hacen inobedientes mis dos ojos
a la ley de las horas;
no han podido vencer a mis dolores
las noches, ni dar paz a mis enojos;
madrugan más en mí que en las auroras
lágrimas a este llano,
que amanece a mi mal siempre temprano;
y tanto, que persuade la tristeza
a mis dos ojos que nacieron antes
para llorar que para verte, sueño.
De sosiego los tienes ignorantes,
de tal manera, que al morir el día
con luz enferma, vi que permitía
el sol que le mirasen en poniente.
Con pies torpes, al punto, ciega y fría,
cayó de las estrellas blandamente
la noche tras las pardas sombras mudas,
que el sueño persuadieron a la gente.
Escondieron las galas a los prados
y quedaron desnudas
estas laderas, y sus peñas, solas;
duermen ya, entre sus montes recostados,
los mares y las olas.
Si con algún acento
ofenden las orejas,
es que, entre sueños, dan al cielo quejas
del yerto lecho y duro acogimiento,
que blandos hallan en los cerros duros.
Los arroyuelos puros
se adormecen al son del llanto mío;
y, a su modo, también se duerme el río.
Con sosiego agradable
se dejan poseer de ti las flores;
mudos están los males;
no hay cuidado que hable:
faltan lenguas y voz a los dolores,
y en todos los mortales
yace la vida envuelta en alto olvido.

Tan sólo mi gemido
pierde el respeto a tu silencio santo;
yo tu quietud molesto con mi llanto
y te desacredito
el nombre de callado, con mi grito.
Dame, cortés mancebo, algún reposo;
no seas digno del nombre de avariento,
en el más desdichado y firme amante
que lo merece ser por dueño hermoso:
débate alguna pausa mi tormento.
Gózante en las cabañas
y debajo del cielo
los ásperos villanos;
hállate en el rigor de los pantanos
y encuéntrate en las nieves y en el yelo
el soldado valiente,
y yo no puedo hallarte, aunque lo intente,
entre mi pensamiento y mi deseo.
Ya, pues, con dolor creo
que eres más riguroso que la tierra,
más duro que la roca,
pues te alcanza el soldado envuelto en guerra,
y en ella mi alma por jamás te toca.
Mira que es gran rigor. Dame siquiera
lo que de ti desprecia tanto avaro
por el oro en que alegre considera,
hasta que da la vuelta el tiempo claro;
lo que había de dormir en blando lecho,
y da el enamorado a su señora,
y a ti se te debía de derecho.
Dame lo que desprecia de ti agora,
por robar, el ladrón; lo que desecha
el que invidiosos celos tuvo y llora.
Quede en parte mi queja satisfecha:
tócame con el cuento de tu vara;
oirán siquiera el ruido de tus plumas
mis desventuras sumas;
que yo no quiero verte cara a cara,
ni que hagas más caso
de mí que hasta pasar por mí de paso;
o que tu sombra negra, por lo menos,
si fueres a otra parte peregrino,
se le haga camino
por estos ojos de sosiego ajenos.
Quítame blando sueño, este desvelo,
o de él alguna parte,
y te prometo, mientras viere el cielo,
de desvelarme sólo en celebrarte.

[vv. 1-90]

EPÍLOGO

El *Sueño* de Sor Juana está inscrito en tres tradiciones literarias que ella conjunta:

1. La de los textos —que pueden ser poemas— cuya metáfora central es un eclipse —lunar o solar— que los estructura.

Seguramente el eclipse más antiguo descrito en poema alguno es el del "Himno de Atri y el Sol perdido" en el *Rig Veda,* que data de 3928 a.C.[24] Desde aquí habría que comenzar a documentar su historia, pero dando un gran salto adelante, y manteniendo nuestro centro de interés que es Sor Juana, llegamos a los eclipses mexicas, en especial al descrito en la página 46 de este ensayo, donde Huitzilopochtli, el Sol, eclipsa a Coyolxauhqui, la Luna, al amanecer, y que detalla la lucha de los poderes del día contra los de la noche, que tanto le interesan a Sor Juana en su poema. (véase pp. 48-51). Y, en los tiempos de la misma Sor Juana, está el *Somnium* de Kepler,[25] sumamente importante como antecedente por ser su autor el astrónomo moderno por antonomasia y porque su libro, estructurado también sobre un eclipse lunar, le acarreó serios problemas con la Inquisición. Sin olvidar la importancia del texto de Lucius Apuleyo, *El asno de oro,*[26] en el que la Luna es la misma Isis que se le aparece a la hora del primer sueño al encantado personaje.

2. La de los textos o poemas cuyo tema es el sueño.

Comentamos en la página 37 de este ensayo un sueño dentro del *Sueño:* "El sueño de Alcíone, por ser Alcíone un personaje central del *Sueño* de Sor Juana, sacado —junto con Ascálafo, las Míniadas, Nictimene y Harpócrates— de las *Metamorfosis* de Ovidio, autor importantísimo para Sor Juana que además establece claramente cómo los sueños están a cargo completo de los dioses de la noche, del dormir, del sueño, del día, de la Luna y del Sol, contexto en el que podríamos ubicar el poema de nuestra monja.

Ya Sergio Fernández en el prólogo mencionó como antecedentes a Cervantes, a Quevedo, a Calderón. Y en las páginas 62 y 63 de este libro transcribimos la silva al sueño de Quevedo, importante por ser el nexo métrico más próximo con

Estacio, el poeta latino inventor de esta forma poética, quien también escribe una cuyo tema es el sueño.

3. La de los viajes por los espacios siderales, con o sin guía, en busca de conocimiento, inspiración, consejo e iluminación.

En este caso están *El sueño de Escipión*, el *Poimandres* y el *Iter Extaticum*, ampliamente comentados por la crítica. Sin embargo, en la nota de pie de página 45 anoto un aspecto que me parece crucial, por lo que aquí lo transcribo:

El sorpresivo final del poema: "el Mundo iluminado, y yo despierta" —cuando como lectores nos damos cuenta de que es Sor Juana la que ha estado soñando— es digno del más puro estilo barroco, sobre todo porque el mal no se ha extinguido: la Luna, la Noche y su ejército de sombras sólo se fueron al otro hemisferio: "en la mitad del globo que ha dejado / el sol desamparada, / segunda vez rebelde determina / mirarse coronada", y amenazan volver.

El ciclo interminable de días y de noches sugiere la posibilidad de otros Sueños: el segundo, el tercero... y otros despertares, antes de que la Muerte, hermana mayor del Sueño, cubra con su sudario a Sor Juana.

Este ciclo vigilia/sueño "arroja al alma a un acto sin fin, a un precipicio que es el propio sueño", como bien establece Víctor Gerardo Rivas en su magnífico libro *La sombra fugitiva* (UNAM, 2001).

Queda por saber si Sor Juana intentó en vida otros sueños, otros vuelos. Lo que es indudable es que —según queda asentado en el *Poimandres*—* al momento de su muerte se le presenta la oportunidad definitiva: su alma, por fin separada de "la corporal cadena", emprende el viaje hacia la Causa Primera.

* Éste es el texto en el que se basó Athanasius Kircher para escribir su viaje de conocimiento: el *Iter Extaticum*, frecuentemente nombrado como posible influencia hermética de Sor Juana. Lo que, hasta donde yo sé, no se ha citado, es el contenido de estas páginas que presentan la manera —según esta visión— en que el alma humana encarna y desencarna: atravesando las esferas planetarias y, según sea el caso, adquiriendo o desembarazándose de sus características que forman un cuerpo astral, que junto con el terrenal, constituyen la cárcel del alma. Sólo en el sueño, como un ensayo, y en la muerte, definitivamente, puede el alma **intentar** salir de esta cárcel tratando de atravesar todas las esferas planetarias para llegar a ser, otra vez, una con la Causa Primera.

Subrayo **intentar** porque el éxito no está asegurado. Las características planetarias pueden haberse solidificado en sus vicios respectivos y, según el *Poimandres*, el alma tiene que ser capaz de abandonar la potencia de crecer y menguar (Luna), el falso conocimiento (Mercurio), el vano deseo (Venus), el esplendor del mando (Sol), la audacia (Marte), las riquezas (Júpiter) y la mentira (Saturno). Si falla, el alma reencarna, otra vez encarcelada.

La manera de aumentar las probabilidades de éxito es mediante la práctica del desapego y de las virtudes que representan los mismos planetas, siempre teniendo presente la promesa de esta filosofía: "Si aprendes a conocerte como hecho de Vida y de Luz, y si ésos son los elementos que te constituyen, volverás a la Vida".

Tal vez este modelo hermético esclarezca un poco la vida de renuncia de los últimos años de Sor Juana.

En todo caso el objetivo del *Sueño* como un viaje a las estrellas está plenamente declarado en los primeros cuatro versos del poema, donde la autora dice que la Noche —la sombra de la Tierra, con la que se identifica— pretende escalar las estrellas.

Luego, como Nictimene, vuela por el cono de sombra del eclipse hacia la Luna, "en cuya casi elevación inmensa, / gozosa mas suspensa, / suspensa pero ufana, / y atónita aunque ufana, / la suprema / de lo sublunar Reina soberana" (vv. 435-439), desde donde "la vista [...] libre tendió por todo lo criado".

Éste es el momento más alto del *Sueño*. Luego el bajel —como llama a su alma—, encalla. Este momento se corresponde con la Popa de La Nave Argos zozobrando en el horizonte poniente, número 12 en el cartel.

Sus aspiraciones a la Causa Primera (vv. 406-411) se ven coartadas:

El Auriga cae... cae, se precipita hacia el poniente (13), el *Sueño* está por acabarse: la falta de alimento... los miembros del descanso cansados... el Sol a punto de aparecer en el oriente. Sor Juana despierta.

En ese primer ensayo que es el *Primero sueño*, Sor Juana logró —aunque fuera sólo por un instante— que su alma se creyera "de sí tan remontada, que creía / que a otra nueva región de sí salía" (vv. 433-434).

También esa alma —"La cual en tanto, toda convertida / a su inmaterial ser y esencia bella, / aquella contemplaba, / participada de alto Ser, centella / que con similitud en sí gozaba"— se juzga "casi dividida / de aquella que impedida siempre la tiene, corporal cadena", y con su "vuelo intelectual con que ya mide / la cuantidad inmensa de la Esfera, / ya el curso considera / regular, con que giran desiguales / los cuerpos celestiales".

Nada despreciables logros para un primer intento de tomar por asalto el Cielo.

Seguramente los siguientes intentos no documentados, los siguientes sueños, ensayos todos del definitivo que es la Muerte, lograron su cometido y Sor Juana, excarcelada y "centella", hecha de luz, volvió a la Vida.

El código astronómico —que en la Nueva España era todavía el astrológico— ha sido la clave para hacer esta lectura del poema: ha fijado el Cielo constelado en el que dibuja Sor Juana su poema. Su fantasía, como linterna mágica, ha proyectado su película desde la hora del primero sueño —el comienzo, donde se establece el objetivo: llegar a las estrellas— pasando por el conticinio —nudo constituido por el eclipse lunar, que permite, a la vez que impide, el viaje del alma— y finalmente el desenlace: la zozobra de su alma —representada por La Nave Argos encallando en el poniente— y la caída del Auriga, ella misma, precipitándose conforme el Sol se acerca luminoso al oriente y ella despierta.

También aquí, en el *Poimandres,* el código astrológico es crucial: los guardianes de las esferas planetarias confieren o impiden el regreso del alma hacia la Luz.

Aunque actualmente es un código casi olvidado en el ámbito literario, era vigente, cuando menos, desde Hesíodo (véase pp. 31-32) hasta tiempos de Sor Juana. Sin este código difícilmente podrán leerse algunas obras claves del Siglo de Oro, como *La vida es sueño,* de Calderón, o *Primero sueño,* de Sor Juana.

Tampoco, "sin noticia de astrología" será posible entender el *Libro de Job,* como ella misma lo afirma, según lo leímos en el epígrafe de este ensayo (véase p. 8).

Y así —después de viajar por los cielos de su *Sueño*—, volvemos al inicio, para tal vez hacer una segunda lectura.

* Hermes Trismegisto, *Poimandres,* pp. 11-13, Muñoz, Moya y Montraveta, editores, Barcelona.

RECUADRO 16. Pirámides de Luz y Sombra

Estas dos pirámides opuestas —una de luz purísima divina cuyo origen es Dios y otra de sombra renegrida emanada de la Tierra y en cuya intersección está el Sol— fueron dibujadas por Robert Fludd y según Jocelyn Goodwin influyeron a Athanasius Kircher, quien en su *Oedipus Aegyptiacus* las reproduce y asegura que son el emblema de la filosofía egipcia: Dios, en su figura, es el Alma del Mundo que emite un rayo amoroso que vivifica al Cosmos y lo ordena en una escala que va desde la materia más vil hasta los seres más luminosos, desde el hombre a Dios. Así lo muestra el mismo Kircher en otra figura más detallada que aparece en su *Musurgia Universalis*.

Vale la pena hacer notar que la estructura de las pirámides que se intersectan es como la de los eclipses: la conforman tres cuerpos de diferente opacidad alineados en el espacio, generando diferentes zonas de luminosidad-oscuridad complementarias. Las principales zonas son: la región más oscura, producida por la sombra de la Tierra, que constituye el mundo elemental; la región más luminosa, emanada de los rayos de amor divino, el mundo angelical. Y, entre ellas, el mundo sideral, cuyo centro es un Sol que, aunque luminoso, su luz es de inferior calidad que la divina, por lo que, comparado con Dios, es opaco y emite "sombra" al interceptar su Luz.

El Cosmos así ordenado es la Gran Cadena del Ser, una escala que posibilita llegar a la Causa Primera desde el estadio humano, en un viaje más allá de las estrellas. Siendo el emblema de la filosofía egipcia, es también emblema del *Sueño* de Sor Juana.

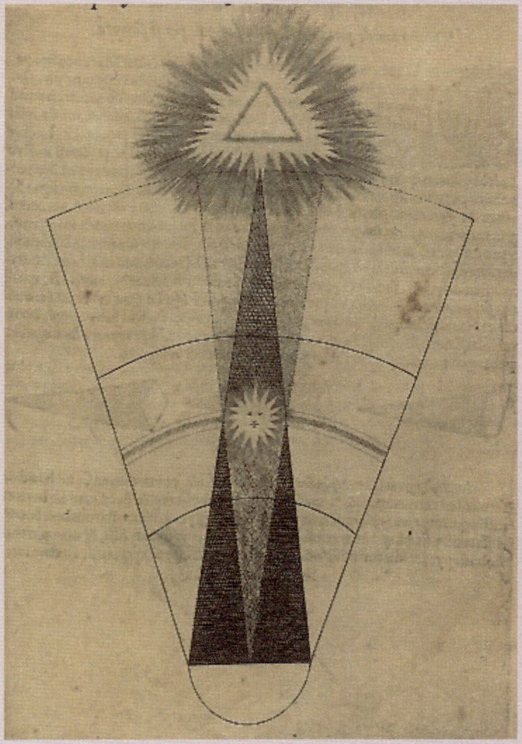

NOTAS

PRÓLOGO

[1] Decía que me permitiré transcribir las constelaciones observadas por la monja, ya que pocos sabemos su significado.

Vistas de poniente a oriente, Américo Larralde las enumera en un bello cartel diseñado para este propósito de la manera siguiente: 12 Argo Navis, 4 Canis Major, 8 Orión, 13 Auriga, 5 Piscis, 6 Las Pléyades, 7 Cefeo y 9 Águila. Luego se refiere a las constelaciones del eje del eclipse, de manera tácita: 10 Géminis, donde está la Luna; su opuesto: 14 Sagitario, donde está el Sol; además de 15 Libra, ocupado por Venus.

He aquí, sucintamente, algunos datos de cada una de ellas:

12 **Argos Navis** es una constelación que se extiende desde la Cruz del Sur, en el hemisferio sur, al Can Mayor y parte de la Vía Láctea, inmediaciones en las que es posible ver su popa en latitudes medias del hemisferio norte. Está representada por Argos, la nave de los argonautas. Las divisiones actuales más importantes son: Carina (Quilla), Puppis (Popa) y Vela (Velas); Canopus, la estrella principal de la constelación, es la segunda más brillante de los cielos.

4 El **Can Mayor** Sirio, su estrella alfa, es la más brillante del Cielo, su magnitud es de −1,46 y está separada de nosotros por una distancia de 2,7 parsec (distancia a la que debe encontrarse una estrella para que se vea la distancia Sol-Tierra bajo un ángulo 1 segundo). El pueblo babilónico la llamó "Estrella del Perro", por estar junto al cazador Orión. Aparecía los días en que el calor era canicular.

8. El Cazador del Cielo, **Orión**. Sin desmerecer de otras muchas, es la más bella del Cielo. Se le denomina "Catedral del Firmamento". Está compuesta por cuatro estrellas: Betelgeuse, Rigel, Bellatrix y Kappa, las cuales definen el cuadrilátero donde se halla la silueta de un gigante del Cielo.

13. **Auriga**, el Cochero. Su estrella más brillante es Capella, que significa "Cabrilla"; es amarilla como nuestro Sol y es la sexta estrella, en orden a su magnitud, entre todas las del Cielo; su tamaño es 75 veces el del Sol. Esta constelación es atravesada en parte por la Vía Láctea y por tanto hay en ella varias nebulosas estelares y cúmulos. Es una estrella cuádruple. Los árabes la llamaron El Conductor, porque en los atardeceres y en las luces crepusculares era la primera que se veía entre todas las que, minutos después, la rodean.

5. **Piscis**. Actualmente, es la primera constelación del Zodiaco, ya que estando en ella es cuando el Sol atraviesa el plano del ecuador pasando su declinación de negativa a positiva. Las estrellas que se encuentran dentro de Piscis son muy débiles. Tiene con nosotros una distancia muy grande, aproximadamente 9 billones de kilómetros. Se encuentra debajo de Andrómeda y del gran cuadrilátero de Pegaso. En la mitología antigua los dos peces se decían que eran Venus y Cupido unidos por un hilo de plata. Piscis está debajo del horizonte en el eclipse soñado, luego en ese momento es imposible divisarla. Por eso los peces, dice Sor Juana, "mudos eran dos veces", tanto por estar en el fondo del Cielo, que es el fondo del mar, cuanto por ser mudos.

6. **Las Pléyades**, así como las Híades, son parte de la constelación del Toro, Taurus. De acuerdo con los griegos antiguos eran siete hermanas. Esta palabra significa, en griego, palomas; son hijas de Pleione y Atlas. Se ven sólo seis porque una de ellas, Merope, abandonó a sus hermanas porque estaba avergonzada de tener un esposo mortal, que también era un criminal.

7. **Cefeo**. Asombra ver las formas tan irregulares que la definen. Su estrella delta es una doble muy bella, variable, con periodo de cinco días, ocho horas y cuarenta y ocho minutos; de color amarillo. Esta estrella dio nombre a todas las variables que se siguieron observando en el tiempo. Son las "Cefeadas".

9. El **Águila**. La figura de este bello animal vuela bajo el Cisne y los dos sobre el Capricornio. La Vía Láctea atraviesa sobre una de las alas del Águila. Si la observamos una noche sin Luna, poseemos bellísimos puntos de observación. El plano del ecuador casi pasa por el centro de ella.

10. **Géminis**, los Gemelos. Cástor y Pólux , estrellas "Alfa y Beta", son gemelas, pero Pólux es más brillante que Cástor. Se observan con unos simples prismáticos. Por los pies de Géminis pasa la Vía Láctea. Cástor domaba caballos y era mortal, mientras Pólux, luchador invencible, dios de los atletas, era inmortal. Como no podían vivir el uno sin el otro, al morir Cástor murió el hermano, tal como suele suceder con los gemelos nacidos en esta Tierra.

14. **Sagitario**. Es una gran constelación por la que atraviesa, como en muchas otras, la Vía Láctea. Se encuentra por debajo del plano del ecuador. Actualmente, cuando el Sol está en el punto que denominamos Trópico de Capricornio, la constelación sobre la cual se proyecta es Sagitario. Representa a Quirón, uno de los dos Centauros del Cielo. El otro es Centauros, situado también en el hemisferio sur.

11. **Lynx**, el Lince. Está situada sobre la cabeza de los Gemelos. Según el astrónomo Hevelius, quien así la nombró en tiempos de Sor Juana, para ver sus estrellas se requiere la agudeza visual de este animal, un raro felino del norte de Europa. Tal vez la conoció Sor Juana. (véase la nota 15).

EL ECLIPSE DEL *SUEÑO* DE SOR JUANA

[1] Américo Larralde, "La Sor Juana de Cabrera", *Deslinde*, Revista de la Facultad de Filosofía y Letras de la UANL (Monterrey, Nuevo León, México, 1988), núm. 21, pp. 8-11.

El rostro de Sor Juana que aparece en el cartel es el que pintara Juan de Miranda en 1713 y que está actualmente en la Torre de la Rectoría, en la oficina del rector de la UNAM. Escaneé el rostro de una magnífica ampliación que viene en la página 219 del libro *Carta de Sor Juana Inés de la Cruz a su confesor. Autodefensa espiritual*, de Aureliano Tapia Méndez, Producciones Al Voleo El Troquel S. A., Monterrey, Nuevo León, México, 1993.

Por cierto que en la página 222 de este mismo libro aparece la interpretación de un material (sin créditos) que le envié al autor, vía un amigo mutuo, Miguel Covarrubias Ortiz, entonces director de la revista *Deslinde* de la Facultad de Filosofía de la UANL, donde se publicó mi artículo. Allí interpreto las cuartetas que inscribió el pintor en su cuadro, enmarcando el retrato dentro de un triángulo isósceles cuyos vértices son el nacimiento, la culminación y el ocaso de un Sol que es Sor Juana y donde las cuartetas correspondientes dan cuenta de su nacimiento, su vida y su muerte.

También en ese artículo, cuando describo el cuadro de Cabrera, digo que mientras su mano izquierda, la que sostiene el rosario, cuenta la séptima Ave María del séptimo misterio, el de la flagelación, su mano derecha da vuelta a las hojas de un libro:

Transcribo lo que comenté entonces:

> Comprobé que el libro que lee Sor Juana, sacado del hueco en el librero detrás de su mano derecha, donde están los escritos de los doctores de la Iglesia, es un comentario de san Jerónimo a los *Salmos* de David, si interpreto bien lo que se alcanza a leer en la parte superior del anverso de una hoja: "D. Hieronim. in" y en el verso de la otra: "Psalm. 5°" El salmo 5° es aquel en que David le implora a su Señor que escuche su grito de ayuda y enderece su camino hacia Él porque lo acosan sus enemigos. No es extraño que Sor Juana lea a quien ella nombraba su Padre: san Jerónimo, quien se arriesgó a estudiar hebreo bíblico con un rabino cabalista para entender la Palabra antes de escribir su versión latina: *La Vulgata*. Sabido es que las letras del alefato hebreo, todas consonantes, tienen valor numérico y que los cabalistas sustituyen frases enteras por otras de igual valor, en su afán de descifrar el Antiguo Testamento. Parece que Miguel Cabrera conoció este procedimiento pues los versos que estructuran su cuadro y en los que comenta la vida de Sor Juana están valuados y suman su nacimiento, su vida y su muerte. Así, no sería raro que parte del salmo en hebreo sea un mensaje en clave propuesto por Cabrera al lector de su pintura si no fuera porque la traducción literal del versículo 10 y parte del 11 expresa claramente lo que el salmista piensa de sus enemigos:
>
> Que nada de su boca es confiable,
> su corazón *está lleno de destrucción,*
> *su garganta es una tumba abierta,*
> *engañan con su lengua.*
>
> Y lo que para ellos pide:

Decláralos culpables, Elohim.
¡Derríbalos por sus intrigas!

[2] Los planisferios son representaciones en un plano de la esfera celeste. Los mostrados en este ensayo son los del tiempo de Sor Juana, algunos que ella pudo usar para dibujar su *Sueño*. En orden de aparición: el de Allard, *c*. 1650, y el de Apianus, c. 1540, que reproduje enteros y otros de los que extraje constelaciones aisladas. El que aparece en el fondo del cartel es un planisferio moderno, ya sin constelaciones dibujadas. En él está representado el cielo estrellado en un círculo que gira alrededor de su centro (la estrella polar) sobre una carátula externa que tiene grabado el dial de los meses, con divisiones diarias, y otro con las horas de la noche. Tiene la carátula una ventana, que depende de la latitud del lugar de observación, por la que se aprecia el cielo visible para una fecha y hora determinada. Girando el dial de las horas es posible ver, como en una película —o como en la proyección de una linterna mágica, diría Sor Juana— la sucesión de constelaciones que aparecen y desaparecen en el horizonte, sugiriendo cada cual su historia a la poetisa que las mira y que ya alambicadas manan de su pluma para plasmarse en ese "papelillo" que es su *Sueño*.

[3] Utilicé como fuente el *Primero sueño*, tanto la versión facsimilar que publicó la Facultad de Filosofía y Letras de la UNAM, volumen 2, en 1995, como la versión de Alfonso Méndez Plancarte, que el Fondo de Cultura Económica publicó en 1951.

[4] Llamo al *Sueño* emblema de emblemas porque cada una de las constelaciones que nombra o de los personajes que menciona constituyen, junto con los versos a ellos referidos, un emblema. Así presento algunos en los recuadros de este libro. Entonces, el poema, que los engloba todos,

puede verse como emblema de emblemas. Y si le hiciera falta un dibujo alusivo, para eso está el cartel, portada del presente ensayo.

[5] Consulte el recuadro 4 de la p. 24, llamado "La Luna del eclipse", donde se describen algunos posibles presagios que pudiera haber asociado Sor Juana con los momentos que vivía y cuyo dramatismo podrían haberle producido un sueño con eclipse o sugerido su *Sueño.*

[6] Américo Larralde, "El eclipse del *Sueño* de Sor Juana", *El Zaguán*, núm. 8 (México, 1988), pp. 8-11.

[7] Todas estas constelaciones están numeradas con rojo en el cartel, la portada de este ensayo, tanto en el planisferio, donde se identifican las constelaciones, o momentos importantes del *Sueño*, como en el fondo, donde se fulguran los textos del poema relacionados.

[8] Consulte el recuadro 1 de la p. 18, llamado "La acentuación irregular del *Primero sueño*", donde se arguye por qué **aun** debe, en una versión moderna, estar acentuada y no como la de Méndez Plancarte, que está inacentuada.

[9] Giovanni Boccaccio, *Genealogía de los dioses paganos*, Editora Nacional, Madrid, 1983, pp. 114-115.

La cita textual en la que Boccaccio se refiere al conticinio y al primer sueño como momentos del día es: "Pues, según afirma Macrobio en los *Saturnales* [I, 3, 12], empezando desde el comienzo del día de los romanos, se llama al primer tiempo del día la inclinación de la medianoche, porque la noche empieza a declinar hacia el día. A continuación, por el canto del gallo se llama gallicinio. El tercer conticinio porque parecen estar calladas todas las cosas dormidas. El cuarto se llama amanecer porque se ve aparecer la luz del día. A continuación al quinto tiempo, ya saliendo el sol, quisieron llamarlo mañana, bien porque pareció que el comienzo de la luz surgía de los manes o bien por el presagio del buen nombre, pues los lanuvios dicen mañana en lugar de bueno. Al sexto lo llamaron meridio, esto es la mitad del día, que nosotros llamamos mediodía. El tiempo que va desde esta hora hasta la noche es llamado occidente porque parece caer. Se dice al octavo el último momento porque es el ultimísimo tiempo del día, según está expresado en las XII Tablas: 'Sea la puesta de sol el último momento'. Después el noveno tiempo recibe el nombre de víspera, que se tomó de los griegos, pues aquellos lo llaman héspera de la estrella héspero,[46] que aparece a la puesta del sol. El décimo tiempo, que es el comienzo de la noche, es llamado la primera antorcha porque entonces comienzan a aparecer las estrellas o, según otros, porque entonces, extinguida la luz de día, empezamos a encender las antorchas para vencer con su luz las tinieblas de la noche. Al tiempo undécimo se le llama primer sueño porque en esa hora, después de una pequeña vigilia, tienen por costumbre los mortales irse a acostar. El duodécimo tiempo del día, que es el tercero de la noche, se llama intempestivo porque no parece adecuado para hacer nada. Su término está cerca de un principio, al que nos hemos referido: la inclinación de la medianoche".

[10] Octavio Paz, *Sor Juana Inés de la Cruz o Las trampas de la fe*, FCE, México, 1985, p. 235.

[11] *Ibid.*, pp. 469 y 506.

[12] Antonio Alatorre, "Lectura del *Primero sueño*", en *Y diversa de mí misma, entre vuestras plumas ando,* El Colegio de México, México, 1993, p. 104.

[13] José Miguel Quintana, *La astrología en la Nueva España,* México, 1969, p. 214.

[14] Dice Sor Juana que "el Padre de la Luz ardiente al antípoda opuesto despedía con trasmontantes rayos". Y Méndez Plancarte anota en su prosificación al *Sueño* (UNAM, 1989, p. 57) que el Sol "que despedía de nuestros opuestos Antípodas (sic)". Se equivoca. Por un lado, pluraliza antípoda. Por otro, al interpretar literalmente la palabra como el habitante que vive en el lugar del globo terráqueo diametralmente opuesto al nuestro, hace incurrir a Sor Juana en pleonasmo: por definición, en este sentido geográfico, los Antípodas son nuestros opuestos. Si, en cambio, interpretamos "antípoda opuesto" como una perífrasis de la Luna, todo cae en su lugar: estaríamos utilizando la palabra Antípoda en su sentido lato: "que se contrapone totalmente a alguien o a algo". Y, justamente, la Luna se contrapone al Sol, tanto en naturaleza como en simbolismo: al nombrar Sor Juana al Sol el Padre de la Luz ardiente, está diciendo que la engendra y que en ella vive: cuando lo vemos es de día. En cambio, la Luna es su antípoda porque sólo refleja la luz y vive en su ausencia: en la noche.

Ahora, en el poema no sólo es su antípoda, sino también su opuesto, porque, al ser plenilunio, cuando el Sol sale, la Luna se pone. De esta manera, no hay pleonasmo al decir Sor Juana que el Sol despedía a su antípoda opuesto, sino, como es común en ella, se expresa con suma precisión: está diciendo que en el momento mismo de salir el Sol, la Luna llena se oculta en el poniente.

[15] Además de estas constelaciones plenamente identificadas en el poema, habría otras a las que posiblemente se refiera Sor Juana: el Lince y Lyra.

Me explico: cuando su alma "ya el curso considera / regular, con que giran desiguales / los cuerpos celestiales" (vv. 303-305) y "puesta, a su parecer, en la eminente / cumbre de un monte..." (vv. 309-310) confiesa que el águila (en este pasaje, símbolo de su alma) no pudo llegar (vv. 327-329).

"A la región primera de su altura / (ínfima parte [...] dividiendo / en tres su continuado cuerpo horrendo)" dice —de las pirámides, que yo identifico como las de umbra y penumbra del eclipse— que "su estatura crecía / con tal disminución, con arte tanto, / que (cuanto más al Cielo caminaba) / a la vista, que **lince** la miraba, / entre los vientos se desaparecía, / sin permitir mirar la sutil punta / que al primer Orbe finge que se junta" (vv. 355-361).

Este momento del viaje de su alma por el cono de sombra hacia la Causa Primera está representado por el fragmento de cielo del cartel que aparece abajo.

La constelación del Lince (Lynx en el planisferio) parece que observa al Águila que vuela por la mental pirámide de Sor Juana que sueña.

El astrónomo polaco Hevelius inventó esta constelación en algún momento entre 1660, cuando comenzó su monumental atlas del Cielo, y 1687, año en que murió. En su *Prodomus Astronomiae,* publicado hacia 1690, aparece con las coordenadas estelares de esa región vacía del

Cielo que él llenó dibujando la forma de un lince sobre unas estrellas tan tenues que "haría falta tener ojos de lince para detectarlas".

Si es que la usó como constelación en su poema, Sor Juana tendría que haber tenido noticias del trabajo de Hevelius a través ya sea del padre Quino (Kühn españolizado) o de Carlos Sigüenza y Góngora (a través de Kircher), quienes como astrónomos seguramente estaban al tanto del importante trabajo de Hevelius, becario de reyes como Luis XIV, de Francia, y Jan III Sobieski, de Polonia.

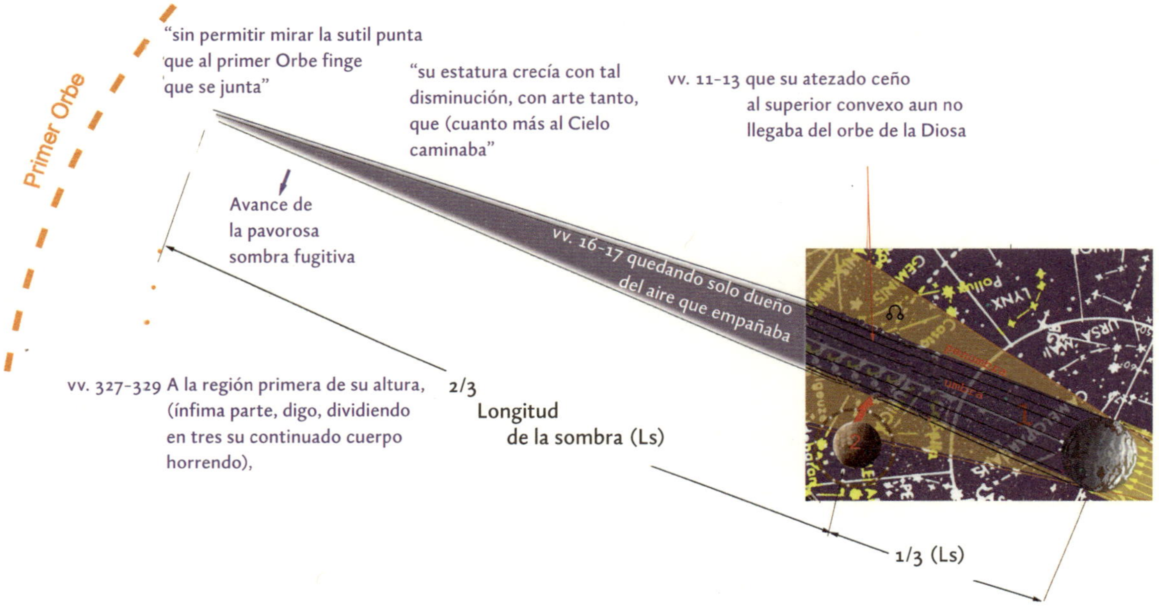

En cuanto a la constelación de Lyra, tal vez Sor Juana se refiera a ella cuando escribe en los versos 123-128 acerca de la "leve turba", los pájaros que duermen en la quietud del nido.

Y es que la constelación de Lyra, antes de ser representada como instrumento musical en los planisferios, se le dibujaba como buitre y, a veces, como buitre que sostiene en su pico una lira, como en el grabado de Durero:

Existe una razón por la que el buitre sostiene con su pico la lira: Zeus, al darse cuenta de que las enamoradas rechazadas por Orfeo, gritando horriblemente, lo apuñalaron, ordena al buitre que la recupere. A estas tres aves del firmamento: Águila, Cisne y Buitre se les asocia con la plaga del Lago Estínfalo, el sexto trabajo de Hércules. En el firmamento forman un grupo compacto y pareciera que está en vías de exterminarlas, aunque no es con la clava con lo que lo logró, sino que se le ocurrió construir una matraca de bronce y le pidió a Yolo, su sobrino, que la sonara lo más fuerte que pudiera para que se espantaran. Dicho y hecho, las aves, enloquecidas, alzaron el vuelo, dejando el pantano que, al estar rodeado de árboles, las protegía de las flechas que Hércules les lanzara antes. Ahora, ya en el cielo despejado, fueron presa fácil de las saetas y las pedradas con que las abatió el héroe. Sor Juana tal vez se refiera a ellas cuando habla de la "leve turba" en los versos citados al comienzo del segundo apartado de esta nota. Podría ser simplemente por contigüidad con la constelación del Águila o porque al observar el horizonte coincidente con la Vía Láctea se da cuenta, como nos podemos dar cuenta nosotros en el recuadro 6 de la p. 30 que, para que sea completa la coincidencia mencionada, le hace falta incluir en su poema al Cisne y al Buitre en el hueco que existe entre Cefeo y el Águila, aunque solamente los mencione con el nombre genérico de "leve turba".

[16] Metón, astrónomo ateniense, descubrió, hacia el año 432 a.C., el periodo lunar de 19 años llamado en su honor Ciclo Metónico. La coincidencia de 19 años tropicales con 235 meses sinódicos es tan exacta: 19 años × 365.2425 días / año = 6939.61 días, que la misma fase lunar se repite cada 19 años, en la misma fecha, con variación de dos horas.

[17] Son varias las fuentes de los eclipses.

Inicialmente, en 1987, los calculé con una calculadora programable Hewlet Packard. Conseguí después el *Canon der Mondfinsternisse, -2002 bis + 2526*, 2te Auflage, de Eeus Jean y Mucke Hermann. Luego, en 1991, recalculé algunos con un programa llamado *Moontracker* para un artículo llamado "El eclipse de Luna en un poema de Sor Juana", donde el autor, Ernesto Velázquez, relata mi investigación sobre el tema en el número 40 de la revista *Personal Computing*.

Finalmente, en 2004, aparte de calcularlos con un programa llamado *Solar Fire v5*, bajé la base de datos de la página que la NASA tiene en la red.

[18] Sor Juana Inés de la Cruz, *Obras*, edición facsimilar, UNAM, 1995.

[19] Sor Juana Inés de la Cruz, *El Sueño*, edición, introducción y notas de Alfonso Méndez Plancarte, UNAM, 1989, p. 2.

[20] Arthur Berry, *A Short History of Astronomy*, Dover Publications Inc., Nueva York, 1961, pp. 49-50.

El método que utilizó Hiparco, el más grande astrónomo de la Antigüedad, en 125 a.C., para determinar las distancias de la Tierra a la Luna y el Sol, es el llamado método de los eclipses.

[21] Sobre las Puertas Solsticiales, el mejor tratamiento desde el punto de vista simbólico que conozco es el de René Guenón, *Símbolos fundamentales de la ciencia sagrada*, Eudeba, Argentina, p. 207. Allí aclara cómo en diferentes culturas la tradición identifica a las Puertas Solsticiales como momentos especiales que el iniciado puede aprovechar para su alquimia personal, sobre todo la del solsticio de invierno, la noche más larga del año, la Noche Obscura: el momento en que nace la luz.

Para abundar en el simbolismo de la importancia del momento cósmico: es además un eclipse de Luna en la cabeza del dragón, el cruce del camino del Sol con el de la Luna. El Ánima, simbolizada por la Luna, tiene que atravesar la sombra de la Tierra que la obnubila. Y Nictimene tiene que aprovechar la duración del eclipse para beneficiarse de su sombra y no ser cegada y seguramente calcinada por el albedo.

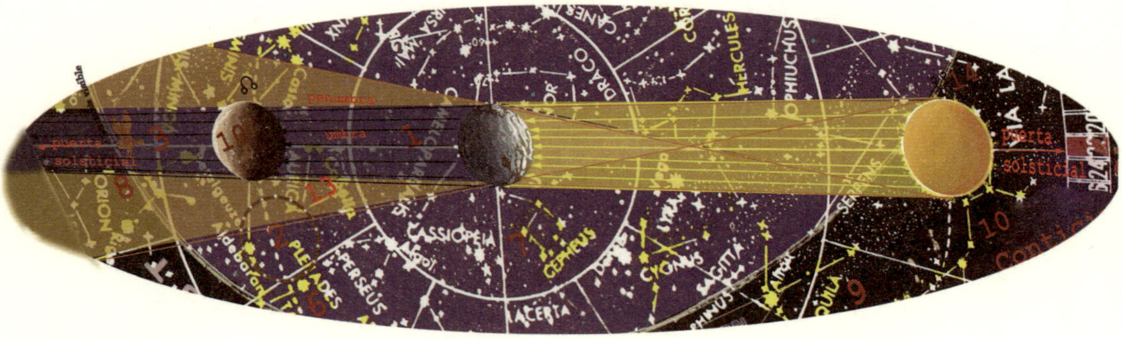

Aquí Nictimene está queriendo atravesar el horizonte visible para seguir viajando, protegida por el cono de sombra, "alcanzar pretendiendo las estrellas". Es parecido al afán del personaje del epígrafe de este ensayo: asomarse más allá del primer orbe para ver la aparatosa "máquina del mundo". No podrá. Ya encalló La Nave Argos. Ya cae derribado el Auriga. Se acabó el calor que producían los vapores del *Sueño*.

Transcribo dos párrafos de mi artículo "El eclipse del *Sueño* de Sor Juana"[6] de 1988, por parecerme todavía válidos y porque vienen al caso:

"Aquí Nictimene, quien habita el cono de sombra, lo aprovecha como vía hacia la Luna y las estrellas en un viaje cuyo objetivo —beberse la luz de sus faroles— es la sabiduría. Para ello 'acecha de las sagradas puertas los resquicios' —puertas que bien pueden ser las solsticiales, las que guardaba el bifronte Jano— 'y sacrílega llega a los lucientes faroles sacros de perenne llama que extingue...', en donde esta extinción de la luz de la Luna es un eclipse.

"¿No converge la perspectiva en la Luna, punto de fuga del poema? Es tras la luz del Sol en pos de la cual va Nictimene, pero reflejada por la diosa que en el cristianismo, ya como María, es la 'Puerta del Cielo'. Como diosa del solsticio, cuando la luz es *angusta*, es Angenoria, de quien Macrobio en su libro de los *Saturnales* (I, 10, A), dice que se celebraban en su honor fiestas el duodécimo día antes de las calendas de enero; y Boccaccio señala que 'la imagen de esta diosa la presenta con la boca ligada y sellada porque quienes disimulan sus dolores y ansiedades, en recompensa de su paciencia, llegan a la mayor diversión'. Y el Sol, ¿no nace en el solsticio de invierno, bajo el signo de Capricornio?, ¿no es para los pitagóricos la puerta de los dioses que guardaba Jano y para los cristianos Navidad?"

[22] John Kepler, *Kepler's Dream*, University of California Press, Berkeley y Los Ángeles, 1965.

[23] León Hebreo, *Los diálogos de amor,* Gleizer Editor, Buenos Aires, 1944, p. 227. El filósofo neoplatónico del Renacimiento que eleva el amor a principio universal, dominando a todos los seres del Universo, fue muy influyente y leído en los siglos XV a XVII. Dice Cervantes en su prólogo al Quijote: "Si tratáredes de amores, con dos onzas que sepáis de la lengua toscana topareís con León Hebreo, que os hincha las medidas".

Octavio Paz asegura que "un ejemplar de ese libro seguramente se encontraba en algún anaquel de sor Juana" (*Las trampas de la fe, op. cit.*, p. 334).

Pues bien, este filósofo del amor platónico opina del eclipse de Luna así:

"Por lo qual el anima, tan miserablemente eclipsada de la lumbre intelectual, es comparada al ánima de los animales brutos y se haze de la naturaleza dellos; y destas dize Pitágoras que se passan en cuerpos de fieras y de brutos animales. Bien es verdad que, assi como la Luna vnas vezes esta toda eclipsada y otras vezes parte della, assi el ánima vnas vezes pierde en todos los actos la luz intelectual, y otras vezes, no en todos, es hecha bestial. Pero como quiera que sea, la bestialidad en todo o en parte es summa destruycion y summo defeto del ánima".

Y es que, en un eclipse lunar, la Tierra, símbolo de lo bajo y material, impide que la luz del entendimiento, simbolizado por el Sol, llegue al ánima: la Luna.

Imposible desestimar la influencia que esta opinión pudo haber tenido en Sor Juana, respecto a los infaustos eclipses lunares.

[24] La iluminación del Buda y los eclipses del *Rig Veda* y del Samyuta Nikaya.

Tal vez el eclipse más antiguo descrito en libro alguno sea el del "Himno de Atri y el Sol perdido" en el *Rig Veda:*

"Cuando Svarbhanu [uno de los asuras, demonio que devora la luz solar] te atravesó con oscuridad, Oh Surya! [El Sol], entonces las creaturas parecían un hombre confundido que no sabe dónde está" [5.40.5].

El Sol le grita a Atri, el sumo sacerdote:

"No dejes que en su encono celoso y su furia terrible me trague el atacante. Soy tuyo Atri, tú eres mi amigo!" [5.40.7].

Después de tres encantamientos infructuosos para salvar al Sol, en los que invoca a Indra bajo la forma de Toro entre los toros, como el portador del trueno y matador del dragón Vritra, Atri logra con su cuarto encantamiento, que consiste en invitar a Indra a consumir la Soma, la bebida que produce el éxtasis, la cual están prensando los sacerdotes al mediodía.

"Y los Atris, nadie más puede hacerlo, encuentran al Sol, a quien el demonio había atravesado con oscuridad" [5.40.9].

P. S. Sen Gupta, en su libro *Indian Eras,* con base en la exégesis astrológica del himno, identifica este eclipse como el del 26 de julio de 3928 a.C.

Según los vedas, los devas y los asuras —los dioses y los demonios de la tradición hindú— se disputan desde siempre los mundos creados por Brahma en cada una de sus dilatadas exhalaciones: el kalpa, equivalente a 4320 millones de años.

Al principio luchaban desde universos separados; luego, en el mismo Universo; después, en este planeta. En el Kali Yuga, la era que nos toca vivir y que comprende 432 000 años, la guerra se libra en nuestros corazones.

En el Samyuta Nikaya, Buda obtiene el Nirvana al salvar de la muerte a dos devas; primero a Chandima, la Luna, y luego a Surya, el Sol, del ataque del señor de los asuras: Rahu, el dragón que los acecha detrás de la bóveda celeste para tragárselos.

Tanto Chandima como Surya se acuerdan de Buda cuando están a punto de perecer en el cruce de sus órbitas, lugar por donde emerge Rahu, y lo invocan de idéntica manera:

Namo te Buddha Viratthu
Vippamuttosi sabbadhi
Sambadhapatippanosmi
bassa me saranam bhavatí.

¡Buda! ¡Héroe! ¡Gloria a ti!
tú estás totalmente liberado
¡Ay! yo he caído en la desgracia,
sé mi refugio y mi escondite.

Chandima es atacado primero. Entonces implora a Buda, quien le dice a Rahu, señor de los asuras:

Thatthagatam arahantam	Al Tathagata, el Arahant, chandima
saranam gato	Chandima le pidió ayuda y refugio
chandam pamueassu	Oh Rahu, libera a la Luna! buda
lokanukampakati	Los budas se compadecen del mundo

Rahu suelta a la Luna y ésta vuelve a brillar. Quince días después Rahu ataca al Sol en la misma encrucijada. Surya se acuerda de Buda y le implora en los mismos términos que lo hiciera Chandima. Buda apela ante Rahu con las mismas palabras con que intercedió por Chandima y añade las siguientes:

Yo andhakare tamasi pabamkaro	No, Rahu, caminante del cielo.
Verocano mandali uggatejo	A ese que asfixias oscureciendo al mundo,
Ma Rahu gilcaram antalikke	no lo devores, el artífice de la luz,
Pajam mama Rahu,	el ser resplandeciente del disco,
pamufica Suriyanti.	mi estirpe y mi hermano. Rahu, ¡libera al Sol!

P. S. Sen Gupta identifica, "hasta donde es posible entender la alegoría de estos sutras", estos dos eclipses consecutivos de Luna y Sol como los que acontecieron el 29 de diciembre de 560 a.C. a las 17:30 GMT y el 14 de enero de 559 a.C. a las 6:38 GMT, ambos visibles desde Sarvasti, el lugar donde, en un bosquecillo, Buda meditaba.

En este contexto, tanto el Sol como la Luna son del bando de la luz y también Buda, al decir que Surya es de su estirpe y es su hermano. Quedan desde entonces sus palabras como mantras que, de repetirlas en las encrucijadas, aunque no evitan el encuentro con el dragón, nos salvan de la muerte.

De hecho, si tomamos en serio la metáfora de los eclipses, vemos que simbolizan ritos de paso ineludibles y periódicos en los que sólo a través de la identificación con el Buda nos será posible pasar como Luna o como Sol por el cono de sombra y surgir de nuevo con luz.

[25] El *Sueño* de Kepler.

Johannes Kepler no sólo formuló las leyes que dan cuenta de los movimientos de los planetas en órbitas eclípticas alrededor del Sol. También escribió un *Sueño*[22] que es un viaje a la Luna, donde el protagonista, Duracotus, es invitado por su madre Fiolxhilde a escuchar las instrucciones para realizar el viaje de boca de un Daimón con el que tiene tratos.

"De inmediato estuve de acuerdo en que llamara a su maestro. Era primavera; la Luna creciente comenzó a brillar tan pronto como el Sol cayó bajo el horizonte. La Luna conjunta con Saturno en Tauro, justo después del crepúsculo. Mi madre me apartó a una encrucijada cercana y después de gritar unas palabras apropiadas en las que expresaba su deseo, realizó unos rituales y regresó, con la mano extendida con la palma hacia arriba, y se sentó a mi lado. Apenas nos cubrimos la cabeza con nuestras batas cuando surgió una voz hueca, indistinguible, que me dijo en islandés:

'A cincuenta mil millas alemanas, arriba en el aire, está Levania. El camino de aquí allá y de allá a la Tierra, muy pocas veces está abierto para nosotros. A decir verdad, cuando lo está, es fácil para nosotros, pero para los hombres este pasaje es extremadamente difícil y de intentarlo lo hacen con grave riesgo para su vida'."

Estos párrafos son la base del juicio que la Inquisición le sigue a su madre por brujería y que dura cerca de cuatro años y ocupa totalmente a Kepler. Él explica que todo es una alegoría científica para transportar al lector a la Luna con el fin de que le fuera más natural considerar que la Tierra se movía. Finalmente su madre es absuelta, pero sale con la salud tan quebrantada que al poco tiempo muere.

Después de la muerte de su madre, Kepler anota profusamente su *Sueño*. La nota correspondiente a este pasaje dice:

"Aquí un razonamiento de física se combina con una broma para explicar por qué los eclipses de Sol y de Luna traen tantas calamidades. Los Espíritus del Mal ciertamente son llamados poderes de la oscuridad y del aire: puede creerse, por lo tanto, que han sido condenados y, por decirlo así, relegados a las regiones del cono de sombra de la Tierra. Cuando este cono toca la Luna, los demonios usan el cono de sombra como una escala para invadir la Luna en parvada. Y cuando el cono de sombra de la Luna toca la Tierra en un eclipse de Sol, los demonios regresan, por el cono, a la Tierra".

No alcanza en vida a publicarlo como libro. Su hijo lo lleva a cabo en 1634. El *Somnium, Sive Astronomia Lunaris*[11] es fundador de un género: la ciencia ficción. Aunque apoyado en el viaje a la Luna de Luciano de Samosata, *Una historia verdadera*, y en el simposio de Plutarco *La cara en la Luna*, obras a las que Kepler da amplios créditos, el *sueño* de Kepler es único: en su texto, se adelanta a Newton en la discusión de la fuerza de gravedad y se cree que Newton, al decir que se había subido sobre hombros de gigantes, se refería a Johannes Kepler como uno de esos gigantes.

A saber si este texto lo conoció Sor Juana o le llegó noticia a través de Athanasius Kircher, quien seguramete sí lo leyó.

En todo caso es un ejemplo paradigmático de cómo una gente creativa podía diseñar un texto con apoyo en conceptos astrológicos y astronómicos, como lo revela Kepler en su nota 43:

"... Escogí marzo, con el Sol en el equinoccio, un buen signo astronómico, y en las proximidades de Aries, su propia exaltación. Si, por lo tanto, la Luna iba a parecer con cuernos, en un signo aledaño al Sol, no podía tener otra dignidad que la exaltación en Tauro... y Saturno conjunto a la Luna, una conjunción que los astrólogos consideran una signatura de las artes ocultas..."

Con o sin texto de Kepler, otro tanto pudo haber hecho Sor Juana para realizar su propio *Sueño*.

[26] El sueño del Asno de Oro.

"Cerca, poco más o menos, del **primer sueño** de la noche, despertado con un súbito pavor, vi la gran redondez de la Luna relumbrando y con un resplandor grande, que a la hora salía de las ondas del mar. Así que, hallando ocasión de la oscura noche, que es aparejada y llena de silencio, y también siendo cierto que la Luna es diosa soberana y que resplandece con gran majestad, y que todas las cosas humanas son regidas por su providencia, no tan solamente las animalias domésticas y bestias fieras, más aún las que son sin ánima se esfuerzan y crecen por la divina voluntad de su lumbre y deidad, también por consiguiente los mismos cuerpos en la Tierra, en el aire y en la mar ahora se aumentan con los crecimientos de la Luna, ahora se disminuyen, cuando ella mengua; pensando yo asimismo que mi fortuna estaría ya harta con tantas tribulaciones y desventuras como me había dado, y que ahora, aunque tarde, me mostraba alguna esperanza de salud, deliberé de rogar y suplicar a aquella venerable hermosura de la diosa presente, y luego, quitada de mí toda pereza, levanteme alegre, y con gana de limpiarme y purificarme, lanceme a la mar metiendo la cabeza siete veces debajo del agua, porque aquel divino Pitágoras manifestó que aquel número septenario era en gran manera aparejado para la religión y santidad, y con el placer alegre, saliéndome las lágrimas de los ojos, suplicábale de esta manera:

"—¡Oh reina del cielo! Ahora tú seas aquella santa Ceres, madre primera de los panes, que te alegraste cuando te halló tu hija, y quitando el manjar bestial antiguo de las bellotas, mostraste manjar deleitoso, que moras y estás en las tierras de Atenas; o ahora tú seas aquella Venus celestial, que en principio del mundo juntaste la diversidad de los linajes engendrando amor entre ellos y, acrecentando el género humano con perpetuo linaje, eres honrada en el templo sagrado de Pafos cercado de la mar; o ahora tú seas hermana del Sol, que con tus medicinas amansando y recreando el parto de las mujeres preñadas, criaste tantas gentes, y ahora eres adorada en el magnífico templo de Éfeso; o ahora tú seas aquella temerosa Proserpina a quien sacrifican con aullidos de noche y que comprimes los fantasmas con tu forma de tres caras, y refrenándote de los encerramientos de la Tierra, andas por diversas montañas y arboledas y eres sacrificada y adorada por diversas maneras; tú alumbras todas las ciudades del mundo con esta tu claridad mujeril, y criando las simientes alegres con tus húmidos rayos, dispensas tu lumbre incierta con las vueltas y rodeos del Sol: por cualquier nombre, o por cualquier rito, o cualquier gesto y cara que sea lícito llamarte, tú, señora, socorre y ayuda ahora a mis extremas angustias. Tú levanta mi caída fortuna, tú da paz y reposo a los acaecimientos crueles por mí pasados y futuros; basten ya asimismo los peligros, y quita esta cara maldita y terrible de asno, y tórname a mi Lucio y a la presencia y vista de los míos; y si por ventura algún dios yo he enojado y me aprieta con crueldad inexorable, consienta al menos que muera, pues que no me conviene que viva en esta manera".

La metamorfosis o El asno de oro, trad. de Diego López de Cortegana, fragmentos 1 y 2, capítulo XI.

Tomado de *La Luna*, de José Luis Martínez, ERA.

[27] La influencia de Kircher en Sor Juana permea el *Sueño* todo, como ya lo señalaban —desde 1951— Vossler, Ricard y el mismo Méndez Plancarte, quien, en su nota a los versos 400-407, esclarece que el simbolismo de las pirámides, como anhelo de perfección del alma soñadora, está

sacado del *Oedipus Aegyptiacus* de Kircher. También anota que la linterna mágica, novedad de la época, la acababa de ilustrar el mismo Kircher en su *Ars Magna Lucis et Umbrae* de 1646.

Aparte de verse influida por la filosofía hermética a través de Kircher, decía yo en el cuerpo del texto que Sor Juana incluso inventó el verbo *quirquerizar.* Veamos cómo y dónde lo utiliza:

Allá por 1692, uno de los enamorados postales de Sor Juana le envía un romance anónimo elogiándola.

En la segunda estrofa la llama —no sé si él es el primero— "décima musa":

por quien las nueve del coro
no sólo a diez han crecido,
mas les dais aquel valor
que a los ceros el guarismo.

diciéndole además que a las musas revalora, por ser ella el guarismo 1 y las nueve musas que antes sin ella valían 0, ahora, junto con ella, valen 10.

La vuelve monstruo de la poesía al verla compuesta por tres géneros: el masculino, el femenino y el angelical:

Mas después que vos salisteis
a ser del orbe prodigio,
y de ángel, hombre y mujer
organizado individuo;
[...]
y después, en fin después
de los despueses que he dicho,
pues después de vos, es nada
todo lo que antes ha sido.

Luego pasa a expresar los motivos que lo llevan a sus obras como "al hierro el imán activo", ya que al leerlas y releerlas "tercera vez y trescientas" halla tal novedad en lo que ha leído, "que me parece otra cosa / aunque me suena a lo mismo" y que:

Querer comprehenderlas es
un proceder infinito,
porque dan de sí según
las alarga el lector pío.

Confiesa que para él son inefables, porque son como "filigranas que al tocarlas con los labios se pueden hacer añicos"; sólo se atreve a explicarlas por sus efectos. Entre ellos destaca el referente al *Primero sueño:*

Lo enfático a vuestro *Sueño*
cedió Góngora; y corrido,
se ocultó en las *Soledades*,
de los que quieren seguirlo.

Una vez más vuelve a los elogios de la poetisa sin par, esta vez sólo bisexual:

La archi poetisa sois
con ingenio mero-mixto
para usar en ambos sexos
de versos hermafroditos.

Finalmente pide, de limosna, respuesta para "su romanzón tan largo como el camino" y —aludiendo al juego de naipes llamado *mus*, donde tanto "primera" como "cincuenta y cinco" y "envido" son tecnicismos— le apuesta y la reta a que le mejore su romance:

envido a la que es *primera*
sea con *cincuenta y cinco.*

a la vez que se confiesa envidioso de ella y la reconoce como primera de entre todos los poetas; del "poetismo", dice él.

Sor Juana contesta, romance contra romance, con su ingenio y gracia acostumbrada. Comienza diciendo:

Allá va, aunque no debiera
(incógnito señor mío),
la respuesta de portante
a los versos de camino.

No debiera: porque cuando
se oculta el nombre es indicio
que no habéis querido ser
hombre de nombre conmigo.

No debiera,

Pero el diablo del romance
tiene en su oculto artificio,
en cada copla una fuerza
y en cada verso un hechizo.
[...]

Tiene qué sé yo qué hierbas,
qué conjuros, qué exorcismos,
que ni las supo Medea
ni Tesalia las ha visto.
[...]
Por esto, como forzada,
sin saber lo que me digo,
os respondo, como quien
escribe sin albedrío.

Asegura que por más que ha visto el romance enviado, no se ha reconocido.

Porque yo bien me conozco,
y no soy por quien se dijo
aquello de haber juntado
milagros y basiliscos.
[...]
Con que se sigue, que no
puedo ser objeto digno
de los tan mal empleados
versos, cuanto bien escritos.

Así que con su "lógica vulgar" le conmina a admitir:

... que cuando en mí empleáis
vuestro ingenio peregrino,
es manifestar el vuestro,
más que celebrar el mío.

Finalmente le dice que de nada le valió ocultar su nombre, que ella sabe quién es:

Pues si la combinatoria,
en que a veces **quirquerizo**,

en el cálculo no engaña
y no yerra en el guarismo,

Uno de los anagramas
que salen con más sentido

de su volumosa suma
que ocupara muchos libros,

Dice... ¿Dirélo? Mas temo
que os enojaréis conmigo,
si del título os descubro
la fe, como del bautismo.

Mas ¿cómo podré callarlo,
si ya he empezado a decirlo,
y un secreto ya revuelto
puede dar un tabardillo?

Y así, para no tenerle,
diré lo que dice, y digo
que es el *conde de la Granja*,
Laus Deo. Lo dicho, dicho.

Muchos estudiosos de Sor Juana se han preguntado cómo es que la jerónima decodificó el nombre del conde de la Granja. Alfonso Méndez Plancarte, uno de los más acuciosos, asienta en sus notas al romance 50 que *quirquerizar* es un verbo inventado por la monja que significa hacer cábalas, "ejercitarse en los juegos matemáticos de la célebre *Ars Combinatoria* del padre Atanasio Kircher". Añade: "Ignoramos la clave [que Sor Juana calló] para desentrañar en aquel romance al *conde de la Granja* (v. 199). Quédese este problema criptográfico para alguien más feliz en 'detección' o para quien disfrute del citado *Arte Combinatorio*, en que sin duda estará la pista".

Seguramente allí ha de estar la pista. Yo solamente consulté su *Aritmología*, donde Kircher discute varios sistemas de asignación de valores numéricos a las letras del alefato y del alfabeto latino, sistemas todos derivados de la Gematria hebrea, a la que tan aficionados fueron también los sabios cristianos de los siglos XVI y XVII, Kircher y Sor Juana incluidos.

Aunque no viene consignada en ese libro, la matriz de correspondencias entre letras y números que resuelve el problema es la siguiente:

1	2	3	4	5	6	7	8	9
A	B	C	D	E	F	G	H	I
J	L	M	N	O	P	Q	R	S
T	U	V	X	Y	Z			

Con la cual, el nombre : C O N D E D E L A G R A N J A vale

3 + 5 + 4 + 4 + 5 + 4 + 5 + 2 + 1 + 7 + 8 + 1 + 4 + 1 + 1 = 55,

donde 55 es el número de estrofas del romanzón y su último verso: *cincuenta y cinco*, resaltado en cursivas en la edición príncipe de 1700, es la pista para Sor Juana del autor del romance. Máxime que es el envido que se le hace a la *Primera*; es decir, a Sor Juana, a quien no se le escapa —ya que quirqueriza bien— que 55 es equivalente a 10 (5 + 5) e igual a 1 (1 + 0), aunque superior, por lo que aclara al principio de su poema sobre el valor que le da a los ceros el guarismo. Todo lo cual está de acuerdo con el espíritu lúdico del musolaris (jugador de mus), para quien el mus es sinónimo de fanfarronería, chulería, descaro.

En la *Respuesta a Sor Filotea* también menciona Sor Juana a Kircher cuando dice que todas las cosas están eslabonadas, "Así lo demuestra el R. P. Atanasio Quirquerio en su curioso libro *De Magnete*", y que si, para los antiguos salían en una cadena de la boca de Júpiter, para los cristianos "todas las cosas salen de Dios, que es el centro a un tiempo y la circunferencia de donde salen y donde paran todas las líneas criadas".

Es allí, en la *Respuesta a Sor Filotea,* que no vio la luz hasta 1700, donde Sor Juana hace pública declaración de sus creencias y de sus valores: es su manifiesto.

En ella contesta al obispo de Puebla, Fernández de Santa Cruz, quien trasvestido con el seudónimo de Sor Filotea, le ha mandado una carta encomiándola por su crítica demoledora al sermón del famoso jesuita Antonio Vieyra, quien disertó sobre cuál es la mayor fineza de Cristo. Pero a la vez, la reconviene duramente por dedicarse a escribir sobre asuntos "rateros" como son los humanos, en lugar de ocuparse de asuntos divinos, donde tan bien se desempeña. Es el comienzo del asedio que la Iglesia endereza contra Sor Juana, en ausencia de sus protectores, los virreyes.

El fin todos lo sabemos: le quitan sus instrumentos científicos y su biblioteca —una de las mejores de la Nueva España—, le recomiendan abstenerse de leer y escribir, le levantan una auditoría a sus libros de contabilidad, le piden que abjure de todos sus errores, abjuración que firma "Yo, la peor" con su propia sangre, y al cabo de cuatro años de continuas presiones —ayudando a sus hermanas jerónimas en sus últimos momentos— muere en el convento en 1695 de la peste, el tabardillo que ya la había aquejado cuando primero entró al convento de las carmelitas.

Sor Juana, en su famosa *Respuesta,* contesta que no escribe sobre asuntos teológicos "porque se los dejo a los que entiendan, que yo no quiero ruido con la Inquisición". Y, a la par que cuenta su vida, nos informa de su pasión por saber, por escribir, por leer. Discurre lúcida y apasionadamente en pro de los derechos de la mujer a educarse, a escribir y a argumentar aun en contra de cualquier autoridad con la sola fuerza de la razón. Es la primera feminista de América.

[28] En todas las ediciones antiguas del segundo tomo de las *Obras* de Sor Juana, en el verso 94 del *Primero sueño,* aparece *Almone*, no *Alcíone*.

Alberto Pérez-Amador Adam en sus *Aportaciones para corregir cuatro erratas en la edición de*

Méndez Plancarte de Primero sueño *de Sor Juana* (UNAM, 1995) aclara que Vossler propuso corregir *Alcíone* por *Almone*, argumentando que por la similitud fónica entre la palabra *almona* (pesquería o sitio donde se pescan los sábalos) y *Almone*, Sor Juana se confundió. Y que a Méndez Plancarte le pareció que tal enmienda era "lección indudable" y la adoptó para su versión del poema.

Primero que nada debo aclarar que mi artículo en *El Zaguán*, "El eclipse del *Sueño* de Sor Juana", se publicó en 1988, no en 1991, como reporta Pérez-Amador en su *Precipicio de Faetón* (p. 233).

No se había publicado (sino hasta 1995 por el FCE) *Para leer* Primero sueño *de Sor Juana Inés de la Cruz* de Andrés Sanchez Robayna que trata de la ilustración que hiciera Pedro Álvarez de Lugo en el siglo XVII. Tampoco se había publicado (sino hasta 1996) el artículo de Alberto Pérez-Amador: *Aportaciones para corregir cuatro erratas en la edición de Méndez Plancarte de* Primero sueño *de Sor Juana* donde se refiere al artículo que Manuel Corripio Rivero publicó en 1965 (mismo que no he podido conseguir todavía) y que coincide en lo esencial con Pedro Álvarez de Lugo en cuanto a la identidad de *Almone* como un personaje femenino —una encantadora que enamoraba a jóvenes pescadores, los robaba y los transformaba en peces— de una de las versiones de las *Metamorfosis* de Ovidio que circulaban en el siglo XVII, con base en la traducción que de éstas hizo Jorge de Bustamante. Tampoco había sido publicada la edición facsimilar de la sevillana de 1692 que hizo la UNAM en 1995.

Así las cosas yo tomé como buena la edición de Méndez Plancarte y por lo tanto al personaje *Alcíone* para mi artículo de 1988, máxime que encaja bien en los animales de la eclíptica que va observando Sor Juana en el cielo de su *Sueño*, amén de que —al igual que Isis buscando el cuerpo desmembrado de Osiris, su hijo y esposo— transformada en alción gime desconsolada; con ese sonido plañidero tan terrible que gañan los alcíones, se tira a las aguas desde el acantilado en pos de su amado Ceyx. Además de que es un ave que señala el solsticio de invierno, emblema por todo esto digno del *Sueño* de Sor Juana.

Pasaron 17 años durante los que yo me ocupé de otros temas... y con motivo de la entrevista que me hizo *Proceso* en diciembre de 2004, revivió Sor Juana y escribí el libro en 2005.

Ahora bien, es sólo hasta la segunda mitad de 2005 cuando me entero bien a bien de *Almone*, porque es cuando entablo relación con el doctor Alberto Pérez-Amador Adam, a quien le pido su revelador artículo. Coincido con él en que "nadie podrá negar que este descubrimiento es, hasta ahora, la explicación más lógica y menos forzada de todas las que se han ofrecido", aunque, como él también dice: "Mientras no se encuentren los manuscritos de Sor Juana depositados en los archivos del Escorial, no podremos contar con una edición definitiva *(ne varientur)* de sus obras".

Así que el papel de Alcíone se reduce —tal vez sí, tal vez no— a lo que es: una estrella de Las Pléyades, grupo de estrellas constitutivo de la constelación de Tauro, no mencionada con toda seguridad por Sor Juana en su poema, sino como un animal más del "vulgo bruto" o de los animales marinos, como los peces, que duermen debajo del horizonte del cielo que describe Sor Juana, quien al observar las constelaciones que lo delinean, tal vez —como buena conocedora de la mitología—, sólo tal vez, escucha sus plañideros gritos, que como los de su adorada Isis, reclaman el cuerpo de su esposo.

Alcíone funcionaba en mi primera versión del "Eclipse del sueño..." para recalcar que éste sucedía en las inmediaciones del solsticio, pero en realidad, para eso, no es un elemento indispensable. En las pp. 19 a 23 de este ensayo se concluye —por dos vías de argumentación distintas— que Sor Juana describe en su poema un eclipse que sucede en el amanecer del solsticio de invierno del año de 1684.

En esta nota solamente señalo que la mera mención de que es un amanecer con la constelación del Can Mayor ocultándose en el poniente y la del Águila a punto de emerger en el oriente implica la fecha del solsticio de invierno.

Esto es evidente si tenemos un planisferio para 20 grados de latitud norte a la mano. Giramos los cielos hasta que obtenemos la configuración mencionada: el Can se oculta y el Águila está a punto de emerger y constatamos que para las 7:00 a.m. corresponde la fecha del 22 de diciembre, tal como se muestra en el cartel de este libro.

[29] El cielo a la hora del primero sueño (interpretación de los versos 11-13, 16-17 y 327-329).

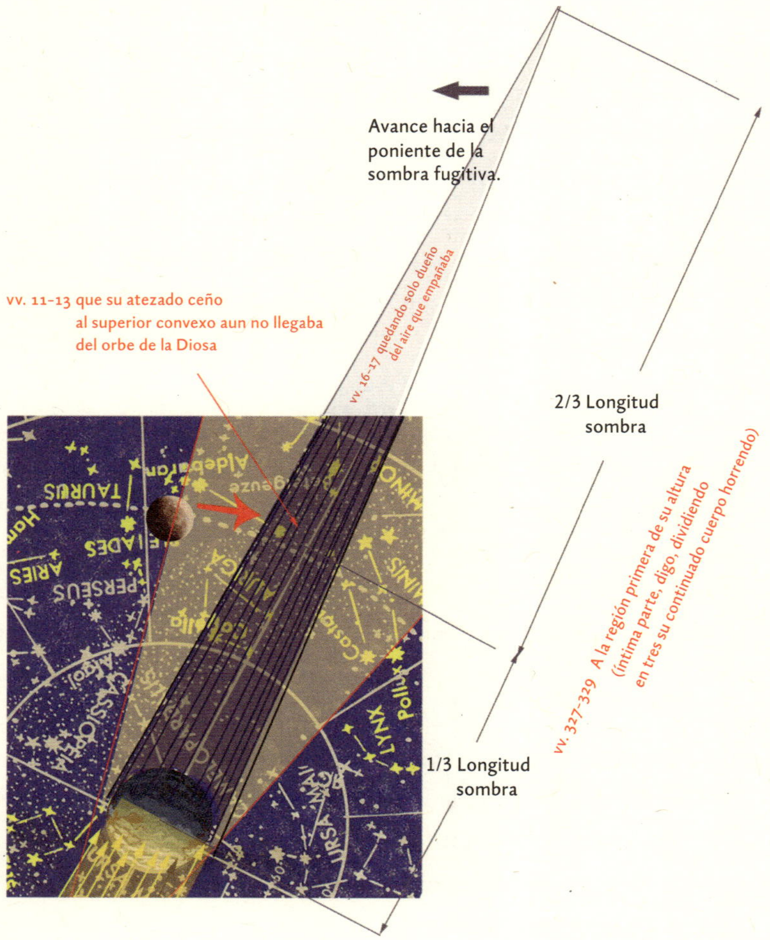

A la hora del primero sueño (9:50 p.m. del 21 de diciembre de 1684), "la pavorosa sombra fugitiva", "el atezado ceño", aún no llegaba a "la Diosa", la Luna. En el eclipse que sueña Sor Juana, esto sucede a la hora del conticinio, "casi ya pasando", ocho horas después. Por eso dice Sor Juana que —a la hora del primero sueño— el atezado ceño era el único dueño, el solo dueño del "aire que empañaba / con el aliento denso que exhalaba": la Luna aún no estaba dentro del cono de sombra.

Tanto Méndez Plancarte, como antes Álvarez de Lugo, contemporáneo de Sor Juana, interpretan equivocadamente *solo dueño*, del verso 16, como *solamente*. Deducen de los versos 11 a 13 que la sombra de la Tierra no llega a la Luna, solamente a la esfera del aire. No saben, o no creen que Sor Juana sabía, que la sombra de la Tierra es tres veces más grande que la distancia de la Tierra a la Luna, conocimiento común desde que Hiparco, en el año 125 a.C., dedujo estas distancias al observar un eclipse de Luna. (Véase el recuadro 1 de la p. 18 de este ensayo). Máxime que ella misma lo declara en los versos 327-329 transcritos abajo con rojo en el lado derecho de la imagen.

Recuadro 17. Ascenso del alma a través de las esferas, desde la Tierra hasta la Causa Primera (manuscrito hermético anónimo, siglo xii)

En esta imagen, el alma en el momento de la muerte asciende hacia la Causa Primera, el Dios Creador entronizado arriba del mundo. Al revés del proceso de la encarnación, el alma pasa por todas las esferas, todas ellas etapas de su posible iluminación. Desde la Tierra viaja por los cuatro elementos; las esferas planetarias; las estrellas fijas; los principios del movimiento; las almas vegetal, animal, racional y celestial; las 10 facultades cognitivas o intelectuales y sus contrapartes angélicas; el Primer Ser Creado o Espíritu Universal; la materia y la forma en potencia, y finalmente Dios, la Causa Primera y Creador de todas las cosas.

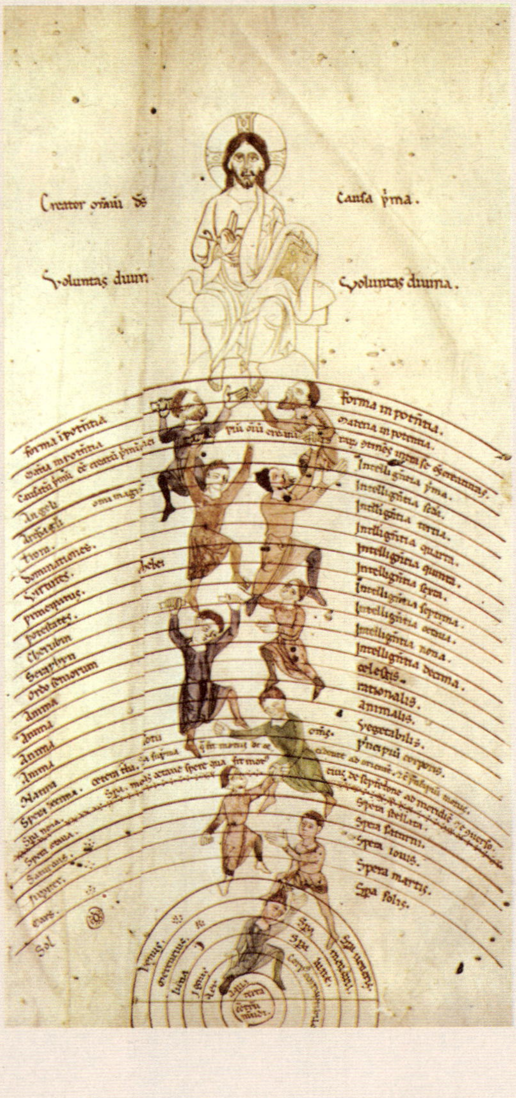

PRIMERO SUEÑO

EDICIÓN FACSIMILAR TOMADA DE LA EDICIÓN
DE SEVILLA DEL SEGUNDO VOLUMEN DE LAS *OBRAS*
DE SOR JUANA INÉS DE LA CRUZ
HECHA POR TOMÁS LÓPEZ DE HARO, 1692

POESIAS LIRICAS.

PRIMERO SUEÑO,

QVE ASSI INTITVLÓ, Y COMPVSO LA MADRE JVANA INES DE LA CRVZ, imitando à Gongora.

Piramidal, funeſta, de la tierra
Nacida ſombra, al Cielo encaminaba
De vanos obeliſcos punta altiva,
Eſcalar pretendiendo las Eſtrellas;
Si bien, ſus luzes bellas
Eſſemptas ſiempre, ſiempre rutilantes,
La tenebroſa guerra,
Que con negros vapores le intimaba
La pavoroſa ſombra fugitiva,
Burlaban, tan diſtantes,
Que ſu atezado ceño,
Al ſuperior convexo aun no llegaba
De el Orbe de la Dioſa,
Que tres vezes hermoſa
Con tres hermoſos roſtros ſer oſtenta:

Que.

Quedando ſolo dueño
De el ayre,que empañaba
Con el aliento denſo,que exhalaba:
Y en la quietud contenta
De imperio ſilencioſo
Summiſſas ſolo vozes conſentia
De las nocturnas Aves,
Tan obſcuras, tan graves,
Que aun el ſilencio no ſe interrumpia.
Con tardo buelo,y canto,de el oìdo
Mal,y aun peor de el animo admitido,
La avergonçada Nictimene azecha
De las Sagradas puertas los reſquicios;
O de las claraboyas eminentes
Los huecos mas propicios,
Que capaz à ſu intento le abren brecha,
Y ſacrilega llega à los luzientes
Faroles Sacros de perenne llama,
Que extingue,ſi no infama,
En licor claro,la materia craſſa
Conſumiendo,que el arbol de Minerva
De ſu fruto,de prenſas agravado,
Congoxoſo ſudò,y rindiò forçado.
Y aquellas,que ſu caſa
Campo vieron bolver,ſus telas yerva,
A la Deydad de Baco inobedientes,
Ya no Hiſtorias contando diferentes,
En forma ſi afrentoſa transformadas,
Segunda forman niebla,
Ser viſtas aun temiendo en la tiniebla,
Aves ſin pluma aladas:
Aquellas tres oficioſas digo,
Atrevidas Hermanas,
Que el tremendo caſtigo

De

De desnudas les diò pardas membranas,
Alas,tan mal dispuestas,
Que escarnio son aun de las mas funestas:
Estas con el parlero
Ministro de Pluton vn tiempo,aora
Supersticioso indicio al Agorero,
Solos la no canóra
Componian Capilla pavorosa,
Maximas negras,longos entonando,
Y pausas,mas que vozes,esperando
A la torpe mensura perezosa
De mayor proporcion tal vez,que el viento
Con flematico echaba movimiento,
De tan tardo compàs,tan detenido,
Que en medio se quedò tal vez dormido.
Este,pues,triste son,intercadente,
De la assombrada turba temerosa
Menos à la atencion solicitaba,
Que al sueño persuadia;
Antes si lentamente
Su obtusa consonancia espaciosa
Al sossiego inducia,
Y al reposo los miembros combidaba,
El silencio intimando à los vivientes,
Vno,y otro sellando labio obscuro,
Con indicante dedo,
Harpocrates la noche silencioso;
A cuyo,aunque no duro,
Si bien imperioso,
Precepto todos fueron obedientes,
El viento sossegado,el Can dormido,
Este yaze,aquel quedo
Los atomos no mueve,
Con el susurro hazer temiendo leve,

Ii Aun

Aunque poco, ſacrilego ruido,
Violador del ſilencio ſoſſegado.
El mar, no ya alterado,
Ni aun la inſtable mecia
Cerulea cuna, donde el Sol dormia,
Y los dormidos ſiempre mudos pezes,
En los lechos lamoſos
De ſus obſcuros ſenos cavernoſos,
Mudos eran dos vezes,
Y entre ellos la engañoſa Encantadora
Almone, à los que antes
En pezes transformò ſimples amantes,
Transformada tambien vengaba aora.
En los de el monte ſenos eſcondidos
Concavos de peñaſcos mal formados,
De ſu aſpereza menos defendidos,
Que de ſu obſcuridad aſſegurados,
Cuya manſion ſombria
Ser puede noche en la mitad de el dia,
Incognita, aun al cierto
Montaraz pie de el Cazador experto,
Depueſta la fiereza
De vnos, y de otros el temor depueſto,
Yazia el vulgo bruto,
A la naturaleza
El de ſu poteſtad pagando impueſto,
Vniverſal tributo.
Y el Rey, que vigilancias afectaba,
Aun con abiertos ojos no velaba.
El de ſus miſmos perros acoſado,
Monarca, en otro tiempo, eſclarecido,
Timido ya Venado,
Con vigilante oído;
De el ſoſſegado ambiente

Al

Al menor perceptible movimiento,
Que los atomos muda,
La oreja alterna aguda,
Y el leve rumor ſiente,
Que aun le altera dormido.
Y en la quietud del nido,
Que de brozas, y lodo inſtable hamaca
Formò en la mas opaca
Parte del arbol, duerme recogida
La leve turba, deſcanſando el viento,
De el que le corta, alado movimiento.
De Jupiter el Ave generoſa
(Como al fin Reyna) por no darſe entera
Al deſcanſo, que vicio conſidera,
Si de preciſſo paſſa, cuydadoſa
De no incurrir de omiſſa en el exceſſo
A vn ſolo pie librada, fia el peſo,
Y en otro guarda calculo pequeño,
Deſpertador Relox del leve ſueño:
Porque, ſi neceſſario fue admitido,
No pueda dilatarſe continuado;
Antes interrumpido,
De el Regio, ſea paſtoral cuydado.
O! de la Mageſtad penſion gravoſa,
Que aun al menor deſcuydo no perdona,
Cauſa quizà, que ha hecho miſterioſa,
Circular denotando la Corona,
En circulo dorado;
Que el afán es no menos continuado.
El ſueño todo en fin lo poſſeía,
Todo en fin el ſilencio lo ocupaba,
Aun el Ladron dormia,
Aun el Amante no ſe deſvelaba,
El conticinio caſi ya paſſando

Iba,

Iba, y la ſombra dimidiaba, quando
De las diurnas tareas fatigados,
Y no ſolo oprimidos
De el afán ponderoſo
De el corporal trabajo; mas canſados
De el deleyte tambien: que tambien canſa
Objecto continuado à los ſentidos,
Aun ſiendo deleytoſo;
Que la Naturaleza ſiempre alterna
Ya vna, ya otra balança,
Diſtribuyendo varios exercicios,
Ya à el ocio, ya à el trabajo deſtinados,
En el fiel infiel, con que govierna
La aparatoſa maquina del Mundo.
Aſſi, pues, de profundo
Sueño dulce los miembros ocupados,
Quedaron los ſentidos
De el que exercicio tienen ordinario
(Trabajo en fin; pero trabajo amado,
Si ay amable trabajo)
Si privados no, al menos ſuſpendidos:
Y cediendo al retrato del contrario
De la vida, que lentamente armado
Cobarde embiſte, y vence perezoſo
Con armas ſoñolientas,
Deſde el Cayado humilde al Cetro altivo,
Sin que aya diſtinctivo,
Que el Sayal de la Purpura diſcierna;
Pues ſu nivel, en todo poderoſo,
Gradua por eſſemptas
A ningunas perſonas,
Deſde la de à quien, tres forman Coronas
Soberana Tyara,
Haſta la que pagiza vive choza,

Deſde

Deſde la que el Danubio vndoſo dora,
A la que Junco humilde, humilde mora:
Y con ſiempre igual vara
(Como en efecto imagen poderoſa
De la Muerte) Morfeo
El ſayal mide igual con el brocado.
El Alma pues ſuſpenſa
Del exterior govierno, en que ocupada,
En material empleo,
O bien, ò mal dá el dia por gaſtado,
Solamente diſpenſa,
Remota; ſi del todo ſeparada
No, à los de muerte temporal opreſſos,
Languidos miembros, ſoſſegados hueſſos,
Los gaxes del calor vegetativo:
El cuerpo ſiendo, en ſoſſegada calma,
Vn cadaver con Alma,
Muerto à la vida, y à la muerte vivo,
De lo ſegundo dando tardas ſeñas
El de Relox humano
Vital Volante, que ſi no con mano,
Con arterial concierto, vnas pequeñas
Mueſtras, pulſando, manifieſta lento
De ſu bien regulado movimiento.
Eſte pues miembro Rey, y centro vivo
De eſpiritus vitales,
Con ſu aſociado, reſpirante fuelle,
Pulmon, que Imàn del viento es atractivo,
Que en movimientos, nunca deſiguales,
O componiendo ya, ò ya dilatando,
El muſculoſo, claro arcaduz, blando,
Haze, que en èl reſuelle,
El que le circunſcrive freſco ambiente,
Que impèle ya caliente,

Y èl

Y èl venga ſu expulſion, haziendo activo
Pequeños robos al calor nativo,
Algun tiempo llorados,
Nunca recuperados,
Si aora no ſentidos de ſu dueño:
Que repetido no ay robo pequeño.
Eſtos pues de mayor (como ya digo)
Excepcion, vno, y otro fiel teſtigo,
La vida aſſeguraban,
Mientras con mudas vozes impugnaban
La informacion callados los ſentidos,
Con no replicar ſolo defendidos,
Y la lengua, que torpe emmudecia,
Con no poder hablar, los deſmentia:
Y aquella del calor mas competente
Centrifica oficina,
Provida de los miembros deſpenſera,
Que avàra nunca, y ſiempre diligente,
Ni à la parte prefiere mas vezina,
Ni olvida à la remota,
Y en ajuſtado natural quadrante
Las quantidades nota,
Que à cada qual tocarle conſidera
Del que alambicò chilo el inceſſante
Calor, en el manjar, que medianero
Piadoſo entre èl, y el humedo, interpuſo
Su inocente ſubſtancia,
Pagando por entero
La que ya piedad ſea, ò ya arrogancia,
Al contrario voraz necio la expuſo:
Merecido caſtigo (aunque ſe eſcuſe)
Al que en pendencia agena ſe introduce.
Eſta pues, ſi no fragua de Vulcano,
Templada hoguera del calor humano,

Al

Al cerebro embiaba
Humedos, mas tan claros los vapores
De los atemperados quatro humores,
Que con ellos, no ſolo no empañaba
Los Simulacros, que la Eſtimativa
Diò à la Imaginativa,
Y aqueſta, por cuſtodia mas ſegura,
En forma ya mas pura,
Entregò à la Memoria, que oficioſa
Gravò tenaz, y guarda cuydadoſa;
Sino que daban à la Fantaſia
Lugar, de que formaſſe
Imagenes diverſas; y del modo,
Que en terſa ſuperficie, que de Faro,
Criſtalino portento, aſſy lo raro
Fue, en diſtancia longiſſima ſe vian
(Sin que eſta le eſtorvaſſe)
Del Reyno caſi de Neptuno todo,
Las que diſtantes le ſurcaban Naves,
Viendoſe claramente
En ſu azogada Luna,
El numero, el tamaño, y la fortuna,
Que en la inſtable campaña, tranſparente
Arreſgadas tenian,
Mientras aguas, y vientos dividian
Sus velas leves, y ſus quillas graves:
Aſſi ella ſoſſegada, iba copiando
Las Imagenes todas de las coſas,
Y el pincel inviſible iba formando
De mentales, ſin luz, ſiempre viſtoſas
Colores, las figuras,
No ſolo ya de todas las criaturas
Sublunares; mas aun tambien de aquellas,
Que intelectuales, claras ſon Eſtrellas,

Y en

Y en el modo poſſible,
Que concebirſe puede lo inviſible,
En ſi mañoſa las repreſentaba,
Y al Alma las moſtraba,
La qual,en tanto,toda convertida
A ſu immaterial ſer,y eſſencia bella,
Aquella contemplaba
Participada de alto ſer centella,
Que con ſimilitud en ſi gozaba:
Y juzgandoſe caſi dividida
De aquella,que impedida
Siempre la tiene,corporal cadena,
Que groſſera embaraza,y torpe impide
El buelo intelectual,con que ya mide
La quantidad immenſa de la Eſphera;
Ya el curſo conſidera
Regular,con que giran deſiguales
Los cuerpos Celeſtiales:
Culpa ſi grave,merecida pena,
Torcedor del ſoſſiego rigoroſo
De eſtudio vanamente judicioſo:
Pueſta (à ſu parecer) en la eminente
Cumbre de vn monte,à quien el miſmo Atlante,
Que preſide Gigante
A los demàs,Enano obedecia,
Y Olimpo,cuya ſoſſegada frente,
Nunca, de Aura agitada,
Conſintiò ſer violada,
Aun falda ſuya ſer no merecia;
Pues las nubes,que opaca ſon Corona
De la mas elevada corpulencia,
Del Volcan mas ſobervio,que en la tierra,
Gigante erguido,intima al Cielo guerra,
Apenas, denſa Zona

De

De ſu altiva eminencia,
O à ſu baſta cintura
Cingulo toſco ſon, que mal ceñido,
O el viento lo deſata ſacudido,
O vezino el calor del Sol lo apura
A la region primera de ſu altura;
Infima parte, digo, dividiendo
En tres ſu continuado cuerpo horrendo,
El rapido no pudo, el veloz buelo
Del Aguila (que puntas haze al Cielo,
Y al Sol bebe los rayos, pretendiendo
Entre ſus luzes colocar ſu nido)
Llegar; bien que esforçando
Mas que nunca el impulſo, ya batiendo
Las dos plumadas velas; ya peynando
Con las garras el ayre, ha pretendido,
Texiendo de los atomos eſcalas,
Que ſu immunidad rompan ſus dos alas.
Las Piramides dos, oſtentaciones
De Memphis vano, y de la Architectura
Vltimo eſmero, ſi ya no pendones
Fixos, no tremolantes, cuya altura,
Coronada de barbaros trofeos,
Tumba, y Vandera fue à los Ptholomeos,
Que al viento, que à las nubes publicaba,
Si ya tambien al Cielo no dezia,
De ſu grande, ſu ſiempre vencedora
Ciudad, ya Cayro aora,
Las que, porque à ſu copia emmudecia,
La Fama, no cantaba
Gitanas glorias, Memphicas proëzas,
Aun en el viento, aun en el Cielo impreſſas.
Eſtas, que en nivelada Simetria
Su eſtatura crecia,

Con

Con tal diminucion,con arte tanto,
Que quanto mas al Cielo caminaba,
A la vista,que Lince la miraba,
Entre los vientos se desparecia,
Sin permitir mirar la sutil punta,
Que al primer Orbe finge, que se junta,
Hasta que fatigada del espanto,
No descendida,sino despeñada,
Se hallaba al pie de la espaciosa basa
Tarde, ò mal recobrada
De el desvanecimiento,
Que pena fue no escasa
Del visual,alado atrevimiento,
Cuyos cuerpos opacos,
No al Sol opuestos;antes avenidos
Con sus luzes,si no confederados
Con èl,como en efecto consinantes,
Tan del todo bañados
De su resplandor eran,que lucidos,
Nunca de calorosos caminantes
Al fatigado aliento,à los pies flacos
Ofrecieron alfombra,
Aun de pequeña,aun de señal de sombra.
Estas,que glorias ya sean Gitanas,
O elaciones profanas,
Barbaros hieroglificos de ciego
Error (segun el Griego
Ciego tambien dulcissimo Poëta,
Si ya por las que escrive
Achileyas Proèzas,
O Marciales,de Vlises,sutilezas,
La vnion no le recibe
De los Historiadores,ò le aceta,
Quando entre su Cathalogo le cuente,

Que

Que gloria mas,que numero le aumente,
De cuya dulce ſerie numeroſa
Fuera mas facil coſa
Al temido Tonante
El Rayo fulminante
Quitar,ò la peſada
A Alcides Clava errada,
Que vn hemiſtichio ſolo,
De los que le dictò propicio Apolo)
Segun de Homero, digo,la ſentencia,
Las Piramides fueron materiales
Typos ſolo,ſeñales exteriores
De las que dimenſiones interiores,
Eſpecies ſon del Alma intencionales:
Que como ſube en piramidal punta
Al Cielo la ambicioſa llama ardiente:
Aſſi la humana mente
Su figura traſſumpta,
Y à la Cauſa primera ſiempre aſpira,
Centrico punto,donde recta tira
La linea; ſi ya no circunferencia,
Que contiene infinita toda eſſencia
Eſtos pues montes dos artificiales,
(Bien maravillas,bien milagros ſean)
Y aun aquella blasfema,altiva torre,
De quien oy doloroſas ſon ſeñales,
No en piedras,ſino en lenguas deſiguales,
Porque voraz el tiempo no las borre,
Los idiomas diverſos,que eſcaſean
El ſociable trato de las gentes,
Haziendo,que parezcan diferentes,
Los que vnos hizo la naturaleza,
De la lengua, por ſolo la eſtrañeza;
Si fueran comparados

A la

A la mental Piramide elevada,
Donde (ſin ſaber como) colocada
El Alma ſe mirò, tan atraſſados
Se hallaran, que qualquiera
Graduara ſu cima por Eſphera;
Pues ſu ambicioſo anhelo,
Haziendo cumbre de ſu proprio buelo
En la mas eminente,
La encumbrò, parte de ſu propria mente,
De ſi tan remontada, que creía,
Que à otra nueva region de ſi ſalia,
En cuya caſi elevacion immenſa
Gozoſa; mas ſuſpenſa;
Suſpenſa; pero vfana,
Y atonita, aunque vfana, la ſuprema
De lo ſublunar Reyna Soberana,
La viſta perſpicaz, libre de antojos,
De ſus intelectuales bellos ojos
Sin que diſtancia tema,
Ni de obſtaculo opaco ſe rezele
De que interpueſto algun objecto zele,
Libre tendiò por todo lo criado,
Cuyo immenſo agregado,
Cumulo incomprehenſible,
Aunque à la viſta quiſo manifieſto
Dar ſeñas de poſſible;
A la comprehenſion no, que entorpezida
Con la ſobra de objectos, y excedida
De la grandeza de ellos ſu potencia,
Retrocediò cobarde,
Tanto no del oſado preſupueſto
Revocò la intencion arrepentida,
La viſta, que intentò deſcomedida
En vano hazer alarde

Con-

Contra objecto, que excede en excelencia
Las lineas viſuales;
Contra el Sol digo, cuerpo luminoſo,
Cuyos rayos caſtigo ſon fogoſo,
Que fuerças deſiguales
Deſpreciando, caſtigan rayo à rayo
El confiado, antes atrevido,
Y ya llorado enſayo,
Necia experiencia, que coſtoſa tanto
Fue, que Icaro ya ſu proprio llanto
Lo anegò enternecido,
Como el entendimiento aqui vencido,
No menos de la immenſa muchedumbre
De tanta machinoſa peſadumbre·
De diverſas eſpecies conglobado,
Eſpherico compueſto,
Que de las qualidades
De cada qual cediò tan aſſombrado,
Que entre la copia pueſto,
Pobre con ella en las neutralidades
De vn mar de aſſombros, la eleccion confuſa,
Equivoco las ondas zozobraba,
Y por mirarlo todo, nada via,
Ni diſcernir podia,
Bota la facultad intelectiva,
En tanta, tan difuſa,
Incomprehenſible eſpecie, que miraba
Deſde el vn exe, en que librada eſtriva
La machina voluble de la Eſphera
Al contrapueſto Polo,
Las partes ya no ſolo,
Que al Vniverſo todo conſidera
Serle perficionantes,
A ſu ornato no mas pertenecientes,

Mas

Mas ni aun las que ignorantes
Miembros ſon de ſu cuerpo dilatado,
Proporcionadamente competentes:
Mas como al que ha vſurpado
Diuturna obſcuridad de los objectos
Viſibles los colores,
Si ſubitos le aſſaltan reſplandores,
Con la ſobra de luz queda mas ciego:
Que el exceſſo contrarios haze efectos,
En la torpe potencia,que la lumbre
Del Sol admitir luego
No puede por la falta de coſtumbre,
Y à la tiniebla miſma,que antes era
Tenebroſo à la viſta impedimento,
De los agravios de la luz apela,
Y vna vez,y otra con la mano zela
De los debiles ojos deslumbrados
Los rayos bacilantes,
Sirviendo ya piadoſa medianera
La ſombra de inſtrumento,
Para que recobrados
Por grados ſe habiliten:
Porque deſpues conſtantes
Su operacion mas firmes exerciten:
Recurſo natural,innata ciencia,
Que confirmada ya de la experiencia,
Maeſtro quizà mudo,
Retorico exemplar inducir pudo
A vno,y otro Galeno,
Para que del mortifero veneno,
En bien proporcionadas quantidades,
Eſcrupuloſamente regulando
Las ocultas nocivas qualidades;
Ya por ſobrado exceſſo

De

De calidas,ò frias;
O ya por ignoradas ſympathias,
O antypathias,con que vàn obrando
Las cauſas naturales ſu progreſſo,
A la admiracion dando ſuſpendida
Efecto cierto en cauſa no ſabida,
Con prolixo deſvelo,y remirada,
Empirica atencion,examinada
En la bruta experiencia,
Por menos peligroſa,
La confeccion hizieron provechoſa,
Vltimo afán de la Apolinea ciencia,
De admirable Triaca;
Que aſſi del mal el bien tal vez ſe ſaca:
No de otra ſuerte el Alma,que aſſombrada
De la viſta quedò de objecto tanto,
La atencion recogiò,que derramada
En diverſidad tanta,aun no ſabía
Recobrarſe à ſi miſma del eſpanto,
Que portentoſo avia
Su diſcurſo calmado,
Permitiendole apenas
De vn concepto confuſo
El informe embrion,que mal formado,
Inordinado Chaos retrataba
De confuſas eſpecies,que abrazaba,
Sin orden avenidas,
Sin orden ſeparadas,
Que quanto mas ſe implican convinadas,
Tanto mas ſe diſſuelven deſunidas,
De diverſidad llenas,
Ciñendo con violencia lo difuſo
De objecto tanto à tan pequeño vaſo,
Aun al mas baxo,aun al menor,eſcaſo

Las

Las velas en efecto recogidas,
Que fiò inadvertidas
Traydor al mar,al viento ventilante,
Buſcando deſatento
Al mar fidelidad,conſtancia al viento,
Mal le hizo de ſu grado
En la mental orilla
Dar fondo deſtrozado
Al timon roto, à la quebrada entena,
Beſando arena,à arena,
De la playa el Baxel aſtilla,à aſtilla;
Donde ya recobrado
El lugar vſurpò de la carena:
Cuerda reflexa,reportado aviſo
De dictamen remiſſo,
Que en ſu operacion miſma reportado:
Mas juzgò conveniente
A ſingular aſſumpto reducirſe,
O ſeparadamente
Vna por vna diſcurrir las coſas,
Que vienen à ceñirſe,
En las que artificioſas
Dos vezes cinco ſon Cathegorias,
Reduccion Metaphyſica, que enſeña,
Los Entes concibiendo generales
En ſolo vnas mentales fantaſias,
Donde de la materia ſe deſdeña
El diſcurſo abſtraído,
Ciencia à formar de los vniverſales,
Reparando advertido,
Con el arte,el defecto
De no poder con vn intuitivo,
Conocer acto todo lo criado,
Sino que haziendo eſcala, de vn concepto,

En

En otro, vá aſcendiendo grado, à grado,
Y el, de comprehender, orden relativo
Sigue neceſſitado
Del, de el entendimiento
Limitado vigor, que à ſuceſſivo
Diſcurſo fia ſu aprovechamiento,
Cuyas debiles fuerças la doctrina,
Con doctos alimentos, vá esforçando,
Y el prolixo, ſi blando,
Continuo curſo de la diſciplina
Robuſtos le vá alientos infundiendo,
Con que mas animoſo
Al palio glorioſo
Del empeño mas arduo altivo aſpira,
Los altos eſcalones aſcendiendo,
En vna ya, ya en otra, cultivado,
Facultad; haſta que inſenſiblemente
La honroſa cumbre mira,
Termino dulce de ſu afán peſado
(De amarga ſiembra fruto al guſto grato,
Que aun à largas fatigas fue barato)
Y con planta valiente
La cima huella de ſu altiva frente.
De eſta ſerie ſeguir mi entendimiento
El Methodo queria,
O del infimo grado
Del ſer inanimado,
Menos favorecido,
Si no mas deſvalido,
De la ſegunda cauſa productiva
Paſſar à la mas noble Hierarchia,
Que en vegetable aliento,
Primogenito es, aunque groſſero,
De Themis, el primero,

Que

Que à ſus fertiles pechos maternales,
Con virtud atractiva,
Los dulces apoyò manantiales
De humor terreſtre, que à ſu nutrimento
Natural es dulciſſimo alimento:
Y de quatro adornada operaciones
De contrarias acciones,
Ya atrae, ya ſegrega diligente
Lo que no ſerle juzga conveniente;
Ya lo ſuperfluo expèle, y de la copia
La ſubſtancia mas vtil haze propria;
Y eſta ya inveſtigada,
Forma inculcar mas bella
De ſentido adornada;
Y aun mas, que de ſentido, de aprehenſiva
Fuerça imaginativa,
Que juſta puede ocaſionar querella,
Quando afrenta no ſea,
De la que mas lucida centellea
Inanimada Eſtrella;
Bien que ſobervios brille reſplandores:
Que haſta à los Aſtros puede ſuperiores
Aun la menor criatura, aun la mas baxa,
Ocaſionar embidia, hazer ventaja;
Y de eſte corporal conocimiento,
Haziendo (bien que eſcaſo) fundamento,
Al ſupremo paſſar maravilloſo
Compueſto triplicado,
De tres acordes lineas ordenado,
Y de las formas todas inferiores,
Compendio miſterioſo,
Viſagra engazadora
De la que mas ſe eleva entronizada,
Naturaleza pura,

Y de

Y de la que criatura
Menos noble ſe vé mas abatida;
No de las cinco ſolas adornada
Senſibles facultades;
Mas de las interiores,
Que tres rectrices ſon, ennoblezida,
Que para ſer Señora
De las demàs, no en vano
La adornò ſabia poderoſa mano,
Fin de ſus obras, circulo, que cierra
La Eſphera con la tierra,
Vltima perfeccion de lo criado,
Y vltimo de ſu Eterno Autor agrado,
En quien, con ſatisfecha complacencia,
Su immenſa deſcanſó magnificencia:
Fabrica portentoſa,
Que quanto mas altiva al Cielo toca,
Sella el polvo la boca;
De quien ſer pudo Imagen miſterioſa
La que Aguila Evangelica, Sagrada
Viſion en Patmos viò, que las Eſtrellas
Midiò, y el ſuelo con iguales huellas;
O la Eſtatua eminente,
Que del metal moſtraba mas preciado
La rica altiva frente,
Y en el mas deſechado
Material flaco, fundamento hazia,
Con que à leve baybén ſe deshazia:
El hombre digo en fin, mayor portento,
Que diſcurre el humano entendimiento,
Compendio, que abſoluto
Parece al Angel, à la planta, al bruto,
Cuya altiva baxeza
Toda participò Naturaleza.

Ll 2 Por

Por què? Quizà porque, mas venturosa,
Que todas, encumbrada,
A merced de amorosa
Vnion seria. O! aunque tan repetida,
Nunca bastantemente bien sabida
Merced! Pues ignorada,
En lo poco apreciada
Parece, ò en lo mal correspondida.
Estos, pues, grados discurrir queria
Vnas vezes; pero otras dissentia,
Excessivo juzgando atrevimiento
El discurrirlo todo,
Quien aun la mas pequeña,
Aun la mas facil parte no entendia
De los mas manuales
Efectos naturales;
Quien de la Fuente no alcançò risueña
El ignorado modo,
Con que el curso dirige cristalino,
Deteniendo en ambages su camino,
Los horrorosos senos
De Pluton, las cavernas pavorosas
Del abismo tremendo,
Las campañas hermosas,
Los Eliseos amenos,
Thalamos ya de su triforme Esposa,
Clara pesquisidora registrando,
Vtil curiosidad, aunque prolixa,
Que de su no cobrada bella hija
Noticia cierta diò à la rubia Diosa,
Quando montes, y selvas trastornando,
Quando prados, y bosques inquiriendo,
Su vida iba buscando,
Y del dolor su vida iba perdiendo;

Cuien

Quien de la breve flor aun no ſabìa,
Porquè eburnea figura
Circunſcrive ſu fragil hermoſura:
Mixtos porquè colores,
Confundiendo la grana en los albores,
Fragrante le ſon gala:
Ambares por què exhala,
Y el leve, ſi mas bello,
Ropage al viento explica,
Que en vna, y otra, freſca multiplica
Hija, formando pompa eſcarolada
De dorados perfiles cayrelada,
Que roto del capillo el blanco ſello
De dulce herida de la Cypria Dioſa,
Los deſpojos oſtenta jactancioſa;
Si ya el que la colora
Candor al Alva, purpura al Aurora,
No le vſurpò, y mezclado
Purpureo es Ampo, Roſicler nevado,
Tornaſol, que concita
Los que del prado aplauſos ſolicita,
Preceptor quizà vano,
Si no exemplo profano,
De induſtria femenil; que el mas activo
Veneno haze dos vezes ſer nocivo,
En el velo aparente,
De la que finge tez reſplandeciente:
Pues ſi à vn objecto ſolo (repetia
Timido el penſamiento)
Huye el conocimiento,
Y cobarde el diſcurſo ſe deſvia;
Si à aſpecie ſegregada,
Como de las demàs independiente,
Como ſin relacion conſiderada,

Dá

Dá las efpaldas el entendimiento,
Y affombrado el difcurfo fe efpeluza
Del dificil certamen,que rehufa
Acometer valiente,
Porque teme cobarde
Comprehenderlo,ò mal,ò nunca,ò tarde:
Como en tan efpantofa
Machina immenfa difcurrir pudiera?
Cuyo terrible incomportable pefo,
Si ya en fu centro mifmo no eftrivara,
De Atlante à las efpaldas agoviara,
De Alcides à las fuerças excediera,
Y el que fue de la Efphera
Baftante contrapefo,
Pefada menos,menos ponderofa
Su machina juzgara,que la empreffa
De inveftigar à la Naturaleza.
Otras,mas esforçado
Demafiada acufaba cobardia,
El Lauro antes ceder,que en la lid dura
Aver fiquiera entrado;
Y al exemplar ofado
Del claro Joven la atencion bolvia,
Auriga altivo del ardiente Carro:
Y el (fi infeliz) bizarro
Alto impulfo el efpiritu encendia,
Donde el animo halla
Mas que el temor,exemplos de efcarmiento,
Abiertas fendas al atrevimiento,
Que vna ya vez trilladas,no ay caftigo,
Que intento bafte à renovar fegundo;
Segunda ambidicion digo,
Ni el Panteon profundo,
Cerulea tumba à fu infeliz ceniza,

Ni

Ni el vengativo rayo fulminante
Mueve, por mas que avisa
Al animo arrogante,
Que, el vivir despreciando, determina
Su nombre eternizar en su ruina;
Typo es antes, modelo,
Exemplar pernicioso,
Que alas engendra à repetido buelo
Del animo ambicioso,
Que del mismo terror haziendo halago,
Que al valor lisongea,
Las glorias deletrea
Entre los caractères del estrago.
O el castigo jamàs se publicara,
Porque nunca el delito se intentara!
Politico silencio antes rompiera
Los autos del processo,
Circunspecto Estadista,
O en fingida ignorancia simulara,
O con secreta pena castigara
El insolente excesso,
Sin que à popular vista
El exemplar nocivo propusiera:
Que del mayor delito la malicia
Peligra en la noticia,
Contagio dilatado transcendiendo;
Que singular culpa solo siendo,
Dexara mas remota à lo ignorado
Su execucion, que no à lo escarmentado.
Mas mientras entre escollos zozobraba,
Confusa la eleccion, Syrtes tocando
De impossibles, en quantos intentaba
Rumbos seguir; no hallando
Materia, en que cebarse

El

El calor ya: pues ſu templada llama
(Llama al fin, aunque mas templada ſea)
Que ſi, ſu activa emplea
Operacion, conſume, ſi no inflama,
Sin poder eſcuſarſe,
Avia lentamente
El manjar transformado,
Propria ſubſtancia de la agena haziendo,
Y el que hervor reſultaba bullicioſo
De la vnion entre el humedo, y ardiente
En el maravilloſo,
Natural vaſo avia ya ceſſado,
(Faltando el medio) y conſiguientemente
Los que de èl aſcendiendo
Soporiferos, humedos vapores
El trono racional embarazaban,
Deſde donde à los miembros derramaban
Dulce entorpecimiento,
A los ſuaves ardores
Del calor conſumidos,
Las cadenas del ſueño deſataban,
Y la falta ſintiendo de alimento
Los miembros extenuados,
Del deſcanſo canſados,
Ni del todo deſpiertos, nĩ dormidos,
Mueſtras de apetecer el movimiento,
Con tardos eſperezos,
Ya daban, eſtendiendo
Los nervios, poco, à poco entumecidos,
Y los canſados hueſſos,
Aun ſin entero arbitrio de ſu dueño,
Bolviendo al otro lado,
A cobrar empezaron los ſentidos,
Dulcemente impedidos

Del

Del natural Veleño,
Su operacion, los ojos entreabriendo,
Y del cerebro, ya deſocupado,
Las Fantaſmas huyeron,
Y como de vapor leve formada
En facil humo, en viento convertida
Su forma reſolvieron:
Aſſi linterna Magica pintadas
Repreſenta fingidas
En la blanca pared varias figuras,
De la ſombra no menos ayudada,
Que de la luz, que en tremulos reflexos,
Los competentes lexos
Guardando de la docta Perſpectiva,
En ſus ciertas menſuras,
De varias experiencias aprobadas,
La ſombra fugitiva,
Que en el miſmo eſplendor ſe deſvanece,
Cuerpo finge formado,
De todas dimenſiones adornado,
Quando aun ſer ſuperficie no merece.
En tanto el Padre de la Luz ardiente,
De acercarſe al Oriente,
Ya el termino prefixo conocia,
Y à el Antipoda opueſto deſpedia
Con tranſmontantes rayos,
Que de ſu luz, en tremulos deſmayos,
En el punto haze miſmo ſu Occidente,
Que nueſtro Oriente iluſtra luminoſo;
Pero de Venus antes el hermoſo,
Apacible Luzero
Rompiò el albor primero,
Y del viejo Titan la bella Eſpoſa,
Amazona de luzes mil veſtida,

Contra

Contra la noche,armada,
Hermoſa,ſi atrevida,
Valiente,aunque lloroſa,
Su frente moſtrò hermoſa,
De matutinas luzes coronada,
Aunque tierno preludio,ya animoſo,
Del Planeta fogoſo,
Que venia las Tropas reclutando
De biſoñas vislumbres,
Las mas robuſtas veteranas lumbres,
Para la retaguardia reſervando,
Contra la que tirana Vſurpadora
Del Imperio del dia,
Negro Laurel de ſombras mil ceñia,
Y con nocturno Cetro pavoroſo,
Las ſombras governaba,
De quien aun ella miſma ſe eſpantaba;
Pero apenas la bella Precurſora
Signifera del Sol,el luminoſo,
En el Oriente,tremolò Eſtandarte,
Tocando al arma todos los ſuaves,
Si belicos Clarines de las Aves,
Dieſtros (aunque ſin arte)
Trompetas ſonoroſos,
Quando (como tirana al fin) cobarde
De rezelos medroſos
Embarazada;bien que hazer alarde
Intentò de ſus fuerças,oponiendo
De ſu funeſta capa los reparos,
Breves en ella,de los tajos claros
Heridas recibiendo;
Bien,que mal ſatisfecho ſu denuedo,
Pretexto mal formado fue del miedo,
Su debil reſiſtencia conociendo,

A la

A la fuga ya caſi cometiendo,
Mas que à la fuerça, el medio de ſalvarſe,
Ronca tocò bozina
A recoger los negros Eſquadrones,
Para poder en orden retirarſe,
Quando de mas vezina
Plenitud de reflexos fue aſſaltada,
Que la punta rayò mas encumbrada
De los del mundo erguidos Torreones.
Llegò en efecto el Sol, cerrando el gyro,
Que eſculpiò de oro ſobre azul Zafiro,
De mil multiplicados,
Mil vezes puntos, fluxos mil dorados:
Lineas digo de luz clara ſalian
De ſu circunferencia luminoſa,
Pautando al Cielo la cerulea Plana,
Y à la que antes funeſta fue tirana
De ſu Imperio atropadas embeſtian,
Que ſin concierto huyendo preſuroſa,
En ſus miſmos horrores tropezando,
Su ſombra iba piſando,
Y llegar al Ocaſo pretendia,
Con el (ſin orden ya) desbaratado
Exercito de ſombras acoſado
De la luz, que el alcançe le ſeguia.
Conſiguiò al fin la viſta del Ocaſo
El fugitivo paſſo,
Y en ſu miſmo deſpeño recobrada,
Esforçando el aliento en la ruina,
En la mitad del globo, que ha dexado
El Sol deſamparado,
Segunda vez rebelde determina
Mirarſe coronada,
Mientras nueſtro Hemiſpherio la dorada,

Iluſtraba

Iluſtraba del Sol madexa hermoſa,
Que con luz judicioſa
De orden diſtributivo, repartiendo
A las coſas viſibles ſus colores
Iba, y reſtituyendo
Entera à los ſentidos exteriores
Su operacion, quedando à luz mas cierta
El mundo iluminado, y yo deſpierta.

ÍNDICE DE ILUSTRACIONES Y CRÉDITOS

Página	Título	y/o Asunto	Obra, autor, fuente, etc.
33		Harpócrates	Museo Arqueológico de Salónica, Grecia
34		Canis Major	Johann Bayer, *Uranometria,* 1603, tabla 38, reverso
		Constelación de Tauro	Grabado de Sidney Hall, *A Familiar Treatise on Astronomy,* lám. 17, Aspin, Londres, 1825
35		Planisferio	Petrus Apianus, *El firmamento,* 1540, en *Mapas celestes antiguos,* Carlos Stott, Libsa, Madrid, 1992, pp. 38-39
36		Argo Navis	"Argo Navis", en Olcott, *op. cit.,* p. 430 Dibujos del autor
37		Alcíone	"Ceix et Alcyone", grabado de Jean-Michel Moreau, en *Les Métamorphoses d'Ovide,* traducción y notas de M. G. T. Villenave, t. III, París, Didot, 1837, p. 564
39		Casiopea y Cefeo	Grabado de Alberto Durero, *Imagines coeli septentrionalis* [Hemisferio celeste], 1515 (detalle)
40		El cerebro espiritual	Robert Fludd (RF), *Utriusque cosmi maioris scilicet el mimoris metaphysica...,* lib. I, 1619
42		El Auriga, Faetón	"Faetón conduciendo el carruaje de Apolo", en Olcott, *op. cit.,* p. 197
43		Dos Aurigas	Olcott, *op. cit.,* p. 62 *Starlore Handbook*, Geoffrey Cornelius, Chronicle Books, 1977
44		Vía Láctea	Olcott, *op. cit.*
46		Eclipses mexicas	Fragmentos del *Códice Borbónico* Siglo XXI, México, p. 34 *Coyolxauhqui,* Museo del Templo Mayor
47		Ícaro cayendo	*La caída de Ícaro,* Peter Paul Rubens, 1636

Página	Título	y/o Asunto	Obra, autor, fuente, etc.
49		Aurora	Foto de Mila Zinkova, 2008
49		Amanecer	Dibujos del autor Foto de Friedrich Böhringer, 2007
49		Aurora	Foto de Mila Zinkova, 2008
50		Sol	ClipArt Explosion, Nova Dev, 1995
52		Integra Natura	Dibujo del autor "Integrae naturae speculum Artisque imago", en RF, *op. cit.*, lib. I, 1619
69		Pirámides de luz y sombra	RF, "De speculativa Pyramidum Metaphysicae et physicae Scientia", en *op cit.*, libro I, 1619
74		La mano de Sor Juana (detalle)	*Retrato de Sor Juana Inés de la Cruz,* Miguel Cabrera, 1751; óleo sobre tela, 207 × 150 cm, Museo Nacional de Historia, INAH, México
77		Eclipse del *Sueño...*	Registro Indautor citado.
78		Planisferio de Durero	Detalle del planisferio de Alberto Durero, *op. cit.*, 1515
79		Hércules	*Idem* (detalle)
80-81		Traza de eclipses	*Collages* del autor, registro Indautor citado
82		Buda	Gran Buda, Gruta Fegxian, Henan, China
92		Traza de eclipses	*Collage* del autor, registro Indautor citado
94		El ascenso del alma a Dios	Anónimo, *Manuscrito hermético,* siglo XII, en Jill Purce, *The Mystic Spiral,* figura 36, Thames and Hudson, 1974.
133		Faetón cayendo	Grabado de Hendrick Goltzius, 1588, *Seeing with the Mind's Eye,* M. Samuels, Random House, 1975

COLOFÓN

Sor Juana Inés de la Cruz y Carlos de Sigüenza y Góngora son personajes clave para comprender el siglo XVII novohispano: constituyen el vínculo con la cultura occidental, tanto científica como hermética. A través de Sigüenza —conocedor de la *Mathesis* de Caramuel y amigo de Alejandro Fabiano, alumno de Athanasius Kircher— Sor Juana se acerca al conocimiento hermético.

Octavio Paz nos dio nuevos puntos de partida para la historia de la cultura novohispana y en particular para el estudio de Sor Juana. José Pascual Buxó hizo la lectura semiótica del *Sueño* y captó el trasfondo de una dialéctica situada en la psicología aristotélica. Simultáneamente, otros estudiosos, entre ellos Américo Larralde, investigan las conexiones del saber hermético, astrológico y astronómico con la obra de Sor Juana.

Américo Larralde, en su libro *El eclipse del* Sueño *de Sor Juana*, nos revela aspectos de la historia científica y hermética de la cultura de la Nueva España del siglo XVII, al hacer una lectura del *Primero sueño* en el que Sor Juana transforma un suceso astronómico, que observa en el cielo de su sueño, en poesía pura. Es una idea genial, bellamente escrita y desarrollada en un libro donde textos e imágenes se entrelazan indisolublemente como en los Emblemas del Barroco. Accedemos así al poema por dos vías: la visual y la textual, método muy acorde con el estilo de esa época y por eso una gran puerta de entrada para el lector que se interese en esa cultura que nos constituye.

Qué bueno que por fin vemos publicado este bello libro que tanto nos aclara nuestro pasado novohispano que sigue tan presente.

GUILLERMO TOVAR Y DE TERESA

El libro *El eclipse del* Sueño *de Sor Juana*, ¡también un objeto de arte!, es una novedosa y original lectura del *Primero sueño*. ¿Existe un más bello encuentro entre ciencia y poesía, entre imaginación artística y astrología? Los artistas, decía Freud, son los verdaderos descubridores del inconsciente. Sor Juana, aunque tenía los pies bien afianzados sobre la tierra, tenía, no obstante, la cabeza en las estrellas.

JEAN MICHEL WISSMER

Pasaron casi cuatro siglos sin que los estudiosos de Sor Juana Inés de la Cruz pudiesen llegar, con exactitud matemática, a la evidencia que ocultó la hermética pluma de la Décima Musa cuando imaginó su *Primero sueño*, uno de los más sorprendentes, misteriosos y célebres escritos del barroco mexicano. El astrónomo e ingeniero Américo Larralde leyó bien los 975 versos y nos revela su descubrimiento: Sor Juana fue inspirada por un eclipse de Luna ocurrido en el solsticio de invierno de 1684 en la Ciudad de México.

ARMANDO PONCE

Américo Larralde establece, a partir de diversos pasajes en el poema, que la noche descrita en el *Sueño* es aquella del solsticio de invierno del 22 de diciembre de 1684, en la cual se vio un eclipse de Luna en la Ciudad de México.

ALBERTO PÉREZ-AMADOR ADAM

El libro de Américo Larralde abre una veta riquísima y es también un reto enorme para los estudios sobre Sor Juana. Se requiere un gran esfuerzo y conocimientos muy diversos para atreverse a hacer estudios literarios como el suyo que, tomando en cuenta el panorama más vasto del pensamiento de una época, y apoyados tanto en la cultura humanística como en la científica, nos permiten acercarnos a la gran poeta Sor Juana Inés de la Cruz en su *Primero sueño, también* como astrónoma y como astróloga.

EDNA SUÁREZ DÍAZ

NON AMBIRE PROBAT SAPIENS SED LAVDAT HONORES,
LAVDAT, CONTINGANT SI TAMEN ILLA PROBIS.
SIC PHAETONTAEVS NIMIVM TEMERARIA LAPSVS
VOTA DOCET TANDEN FINE CARERE BONO

El eclipse del Sueño *de Sor Juana,* de Américo Larralde Rangel,
se terminó de imprimir y encuadernar en marzo de 2013
en Impresora y Encuadernadora Progreso, S. A. de C. V. (IEPSA),
calzada San Lorenzo, 244; 09830 México, D. F. En su composición,
elaborada en el Departamento de Integración Digital del FCE,
se utilizaron tipos Fondo Text. El tiraje fue
de 1 200 ejemplares.